中国电子学会物联网专家委员会推荐

普通高等教育物联网工程专业"十三五"规划教材

TinyOS 操作系统开发技术及实践

青岛英谷教育科技股份有限公司　编著

西安电子科技大学出版社

内 容 简 介

TinyOS 操作系统是无线传感器网络中最为流行的操作系统，已成为无线传感网领域事实上的标准平台。

本书从 TinyOS 操作系统的应用开发角度出发，基于 CC2530 硬件平台，深入地讲解了 TinyOS 的体系结构、nesC 编程、TinyOS 在 CC2530 平台上的移植、TinyOS 网络编程，TinyOS 高级应用及开发等技术。

本书展示了 TinyOS 开发技术的来龙去脉，并在此基础上注重实战技能，重在讲解 TinyOS 在开发过程中的实际操作。

本书语言精练，内容描述讲求理性、准确性与严格性。本书可作为本科或高职高专物联网计算机科学与技术、网络、通信等专业的技术开发应用教材。

图书在版编目(CIP)数据

TinyOS 操作系统开发技术及实践/青岛英谷教育科技股份有限公司编著.
—西安：西安电子科技大学出版社，2014.1(2018.3 重印)
普通高等教育物联网工程专业“十三五”规划教材
ISBN 978-7-5606-3315-2

Ⅰ. ① T…　Ⅱ. ① 青…　Ⅲ. ① 无线电通信—传感器—网络操作系统—系统开发—高等学校—教材
Ⅳ. ① TP212　② TP316.8

中国版本图书馆 CIP 数据核字(2014)第 001034 号

策　　划　毛红兵
责任编辑　阎　彬　王　涛　毛红兵
出版发行　西安电子科技大学出版社(西安市太白南路 2 号)
电　　话　(029)88242885　88201467　　邮　　编　710071
网　　址　www.xduph.com　　电子邮箱　xdupfxb001@163.com
经　　销　新华书店
印刷单位　陕西天意印务有限责任公司
版　　次　2014 年 1 月第 1 版　2018 年 3 月第 3 次印刷
开　　本　787 毫米×1092 毫米　1/16　印　张　15
字　　数　349 千字
印　　数　5001～8000 册
定　　价　36.00 元
ISBN 978-7-5606-3315-2/TP

XDUP　3607001-3

前　　言

随着物联网产业的迅猛发展，企业对物联网工程应用型人才的需求越来越大。“全面贴近企业需求，无缝打造专业实用人才”是目前高校物联网专业教育的革新方向。

本系列教材是面向高等院校物联网专业方向的标准化教材，教材内容注重理论且突出实践，强调理论讲解和实践应用的结合，覆盖了物联网的感知识别、网络通信及应用支撑等物联网架构所包含的关键技术。教材研发充分结合物联网企业的用人需求，经过了广泛的调研和论证，并参照多所高校一线专家的意见，具有系统性、实用性等特点，旨在使读者在系统掌握物联网开发知识的同时，具备综合应用能力和解决问题的能力。

该系列教材具有如下几个特色。

1. 以培养应用型人才为目标

本系列教材以应用型物联网人才为培养目标，在原有体制教育的基础上对课程进行深层次改革，强化“应用型技术”动手能力，使读者在经过系统、完整的学习后能够达到如下要求：

■　掌握物联网相关开发所需的理论和技术体系以及开发过程规范体系；

■　能够熟练地进行设计和开发工作，并具备良好的自学能力；

■　具备一定的项目经验，包括嵌入式系统设计、程序编写、文档编写、软硬件测试等内容；

■　达到物联网企业的用人标准，实现学校学习与企业工作的无缝对接。

2. 以新颖的教材架构来引导学习

本系列教材分为四个层次：知识普及、基础理论、应用开发、综合拓展，这四个层面的知识讲解和能力训练分布于系列教材之间，同时又体现在单本教材之中。具体内容在组织上划分为理论篇和实践篇：理论篇涵盖知识普及、基础理论和应用开发；实践篇包括企业应用案例和综合知识拓展等。

■　**理论篇**：最小学习集。学习内容的选取遵循“二八原则”，即重点内容占企业中常用技术的 20%，以“任务驱动”方式引导 80%的知识点的学习，以章节为单位进行组织，章节的结构如下：

- ✓　本章目标：明确本章的学习重点和难点；
- ✓　学习导航：以流程图的形式指明本章在整本教材中的位置和学习顺序；
- ✓　任务描述：以“案例教学”驱动本章教学的任务，所选任务典型、实用；

✓ 章节内容：通过小节迭代组成本章的学习内容，以任务描述贯穿始终。

■ **实践篇**：以任务驱动，多点连成一线。以接近工程实践的应用案例贯穿始终，力求使学生在动手实践的过程中，加深对课程内容的理解，培养学生独立分析和解决问题的能力，并配备相关知识的拓展讲解和拓展练习，拓宽学生的知识面。

本系列教材借鉴了软件开发中"低耦合、高内聚"的设计理念，组织架构上遵循软件开发中的 MVC 理念，即在保证最小教学集的前提下可根据自身的实际情况对整个课程体系进行横向或纵向裁剪。

3. 以完备的教辅体系和教学服务来保证教学

为充分体现"实境耦合"的教学模式，方便教学实施，保障教学质量和学习效果，本系列教材均配备可配套使用的实验设备和全套教辅产品，可供各院校选购。

■ **实验设备**：与培养模式、教材体系紧密结合。实验设备提供全套的电路原理图、实验例程源程序等。

■ **立体配套**：为适应教学模式和教学方法的改革，本系列教材提供完备的教辅产品，包括教学指导、实验指导、视频资料、电子课件、习题集、题库资源、项目案例等内容，并配以相应的网络教学资源。

■ **教学服务**：教学实施方面，提供全方位的解决方案(在线课堂解决方案、专业建设解决方案、实训体系解决方案、教师培训解决方案和就业指导解决方案等)，以适应物联网专业教学的特殊性。

本系列教材由青岛东合信息技术有限公司编写，参与本书编写工作的有韩敬海、李瑞改、张玉星、孙锡亮、李红霞、卢玉强、刘晓红、袁文明等。参与本书编写工作的还有青岛农业大学、潍坊学院、曲阜师范大学、济宁学院、济宁医学院等高校的教师。本系列教材在编写期间还得到了各合作院校专家及一线教师的大力支持和协作。在本系列教材出版之际要特别感谢给予我们开发团队大力支持和帮助的领导及同事，感谢合作院校的师生给予我们的支持和鼓励，更要感谢开发团队每一位成员所付出的艰辛劳动。

由于水平有限，书中难免有不当之处，读者在阅读过程中如有发现，请通过公司网站(http://www.dong-he.cn)或我公司教材服务邮箱(dh_iTeacher@126.com)联系我们。

高校物联网专业项目组
2013 年 11 月

目　　录

理　论　篇

实　践　篇

理论篇

第 1 章 TinyOS 概述

本章目标

- ◆ 了解无线传感器网络的关键技术和特点
- ◆ 了解几款流行的 WSN 操作系统的特点及编程模型
- ◆ 了解 TinyOS 主要版本变化情况
- ◆ 了解 TinyOS 的体系结构
- ◆ 了解 TinyOS 所支持的硬件及网络协议
- ◆ 了解 TinyOS 的优缺点
- ◆ 熟悉 TinyOS 的编程特点
- ◆ 掌握 TinyOS 程序的一般开发过程

学习导航

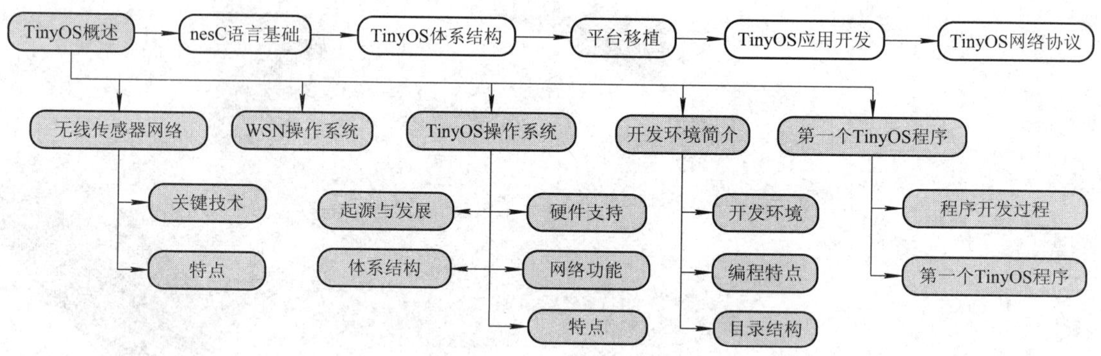

任务描述

➢【描述 1.D.1】

编写一个开机点亮 LED 的 TinyOS 程序，并编译和下载运行。

1.1　无线传感器网络

无线传感器网络(Wireless Sensor Network，英语简称 WSN，中文简称为无线传感网)，是大量静止或移动的传感器节点以自组织和多跳的方式构成的无线网络。其目的是协作地感知、采集和处理传输网络覆盖地理区域内感知对象的监测信息，并报告给用户。

1.1.1　关键技术

当前无线传感网研究热点主要集中在以下几个方面，它们也被普遍认为是无线传感网的关键技术：

✧　时间同步：是完成实时信息采集的基本要求，并且是提高定位精度的关键手段。

✧　拓扑控制：在满足网络覆盖度和连通度的前提下，通过功率控制或层次拓扑控制，最小化网络的能量消耗。

✧　定位技术：包括节点自定位和网络区域内的目标定位跟踪。

✧　网络安全：密钥管理、身份认证和数据加密方法、攻击检测与抵御、安全路由协议和隐私问题。

✧　网络通信：核心问题是能量有效性或能力节省。主要热点集中在网络层和链路层，例如链路层 MAC 协议如何节省能力，网络层新路由协议提出或路由协议改进。

✧　系统软件：WSN 是深度嵌入的网络系统，因此要求操作系统既要能完成网络系统要求的各项功能，又不能过于复杂。目前看，TinyOS 是最成功的 WSN 专用系统。

✧　数据管理：包括分布式动态实时数据管理以及信息融合。

✧　能量供给：包括能量的获取和存储。

1.1.2　特点

无线传感网与传统的无线网络(如 Ad hoc 网络、GSM、CDMA、3G、Beyond3G、4G、WLAN 和 WMAN 等)有着不同的设计思想，它的特点主要表现在以下几方面：

✧　节点规模：节点数目庞大，可以达到成千上万。

✧　节点部署：节点在部署完成之后大部分节点不会再移动，网络拓扑结构是静态的。

✧　工作模式：多对一通信，路由协议以数据为中心。

无线传感网的详细特点介绍请参见本书所属系列教材《无线传感器网络技术原理及应用》的第一章。

1.2　WSN 操作系统

无线传感器网络操作系统(简称为 WSN 操作系统或 WSNOS)是无线传感器网络的关键支撑技术之一(即系统软件技术)。WSN 操作系统可以有效地管理硬件资源和执行任务，降低传感器网络的应用开发难度，提高软件的重用性。

当前比较流行 WSN 操作系统有 TinyOS、Contiki、MANTIS、SOS，它们的特点及对比如表 1-1 所示。

表 1-1 几款 WSN 操作系统对比

WSN 操作系统	研发机构	开发语言	主要特点	编程模型
TinyOS	美国加利福尼亚大学伯克利分校	nesC	基于组件，由事件驱动的操作系统	基于组件的连接和接口式编程
Contiki	瑞典计算机科学研究所	C	提供多任务和内建 TCP/IP 支持，支持进程及可选的抢占式多任务	模块化结构式编程
MANTIS	美国科罗拉大学	C	支持基于优先级的多线程调度	模块化结构式编程
SOS	美国加州大学洛杉矶分校	C	事件驱动，动态内存管理	模块化结构式编程

1.3 TinyOS 操作系统

TinyOS 操作系统目前被业界认为是最成功的无线传感器网络操作系统，已成为这一领域事实上的标准平台。本节从 TinyOS 的起源说起，具体介绍它的版本情况、体系结构、硬件和网络支持、源码目录结构以及编程特点，目的是对其有较为清晰的总体认识，这也是学习本书后续章节的基础。

1.3.1 起源与发展

1. 项目产生

TinyOS 最初是由美国著名的加利福尼亚大学伯克利分校(UCB)专门为无线传感器网络定制研发的嵌入式操作系统。事实上它也是 UCB 的科学家 David Culler 领导的 UCB 研究小组与 Intel Research 合作实验室的杰作。

2. 项目发展

TinyOS 是开源项目，目前已不再由 UCB 单独开发和维护，从 0.4 版到 2.0 版，TinyOS 由 SourceForge.net(全球最大开源软件开发平台和仓库)的一个开放项目，逐渐演变成了一个国际合作项目。从 2012 年 12 月开始，TinyOS 的开发和维护(包括开发邮件列表和 BUG 跟踪记录)逐渐过渡到 GitHub(一个逐渐流行起来的分布式版本控制系统)上，至 2013 年 1 月项目迁移完毕。TinyOS 在 GitHub 上的虚拟主机地址是：https://github.com/tinyos。

TinyOS 官方网站是：http://www.tinyos.net，其产品标志如图 1-1 所示。

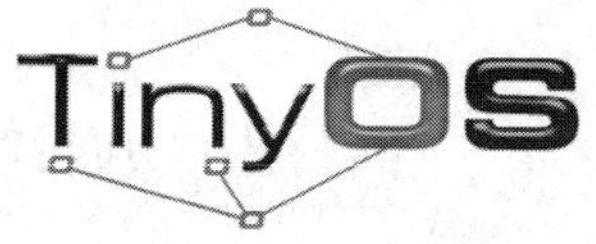

图 1-1 TinyOS 产品标志

3. 版本变化

从 1999 年 TinyOS 平台(官方取名为 WEC)由 UBC 开发后，到 2003 年 8 月 TinyOS 的

最新版本 2.1.2，TinyOS 不断改进。其中，在 1.0 版本以前 TinyOS 都是由 C 语言写成(混合少量 Perl 脚本)的，后来用 nesC 语言重新编写。其重要版本变化情况如表 1-2 所示。

表 1-2　TinyOS 的版本变化

版本	时间	说　明
0.4.3	2000 年	通过 Sourceforge.net 向公众开放
0.6.x	2001	支持 mica 平台，期间 UBC 发布了支持 1000mica 平台的 TinyOS 项目，2002 年 4 月 UCB 与 Intel 研究进行 nesC 语言开发合作
1.0	2002 年 9 月	使用 nesC 语言重新编写并改进了 TinyOS
1.1.x	2003 年 8 月	nesC 增加部分新功能(如支持并发模型)；TinyOS 增加新的 UART 通信协议等
2.0 Beta	2006 年 2 月	2.0 Beta1 发布，2.0 与 1.x 不再兼容，后者编写的代码将无法在 2.0 上编译通过；2.0 硬件抽象遵循 3 级结构；改进了任务调度策略；2.0 提供了比 1.x 更丰富的定时器接口
2.0.1	2007 年 4 月	增加 CC2420 低功耗协议栈；改进组件和接口的资源管理；增加 lib/printf 库；增加 lib/net/lqi 库；修复部分 BUG
2.0.2	2007 年 7 月	重新实现了 CC2420 低功耗协议栈；修复部分 BUG
2.1.0	2008 年 8 月	增加对 IRIS 和 shimmer 平台的支持；增加对 802.15.4 T-Frames 帧的支持；增加低功耗应用开发指导
2.1.1	2010 年 4 月	增加对 shimmer2、mulle、epic 平台的支持；增加 6LoWPAN/IP 协议栈；改进 python SDK
2.1.2	2012 年 8 月	增加 RPL 协议栈；增加对 ucmini、ATMega128RFA1、Zolertia Z1 平台的支持；增加 CoAP 协议栈

1.3.2　体系结构

TinyOS 操作系统采用组件式分层体系结构，这种体系结构可以快速地实现各种应用，详细内容请参见本书第 3 章。

1.3.3　硬件支持

TinyOS 可运行于不同的硬件平台和微处理器上，并支持多款射频芯片，且支持 NOR Flash 设备。以 2.1.1 版为例的 TinyOS 支持以下硬件：

✧　硬件平台：TinyOS 支持多达十几种不同的硬件平台(每种平台代表着一类处理器、射频、存储和 IO 引脚的组合)。TinyOS 支持的硬件平台有：telos 家族(包括 telosa 和 telosb)、micaZ、IRIS、shimmer、epic、mulle、tinynode、span 以及 iMote2 等。

✧　微处理器：TI 公司的 MSP430、Atmel 公司的 ATMega128、Intel 公司的 px27ax 微处理器。

✧　射频芯片：TI 的 CC1000 和 CC2420(经过移植后还可支持 CC2430 和 CC2530)、Atmel 公司的 RF212 和 RF230、Infineon 公司的 TDA5250、Semtech 公司的 XE1205。

✧　Flash 芯片：TinyOS 支持两款 NOR Flash 芯片，即 Atmel 公司的 AT45DB 芯片和

STMicroelectronics 公司的 STM25P 芯片。

1.3.4 网络功能

TinyOS 有较为丰富的网络支持，主要包括多跳路由协议和最新的 IPv6 协议：

✧ 多跳路由协议，主要包括数据分发协议和汇聚协议。

● 分发协议：用于网络中数据共享，网络中每个节点都保存一份数据的副本。TinyOS 主要支持两种分发协议库，即 Drip 和 DIP。

● 汇聚协议：用于将网络中的数据收集到某个点(称为 root 或根节点)，典型的用法如将通过 root 传输给 PC。TinyOS 支持的标准汇聚协议叫“汇聚树协议”(英语简称 CTP)。

✧ IPv6，即用于无线通信网络的 6LoWPAN(2.1.1 版本以后)。

1.3.5 特点

1. 优点

TinyOS 的优点体现在以下几方面：

✧ TinyOS 有成千上万的用户，现有的体系结构已有 5 年以上的历史，代码可靠、有效，错误极少，这对工程项目来说至关重要。

✧ 支持低功耗和并发执行模型，因此特别适合于无线传感器节点。

✧ 支持技术上优异的网络协议，如汇聚协议 CTP 和 6LoWPAN 协议(用于无线网络的 IPv6 协议)等。

2. 缺点

TinyOS 有两大弱点：

✧ 它的组件式编程模型对于新手来说需要一段时间来适应。

✧ 对于计算密集型程序需要程序员将计算分成若干小部分，逐个执行，即需要使用 TinyOS 的“分阶段作业”机制(Split Phase)，此类程序比较难写。

1.4 开发环境简介

在实际进行 TinyOS 开发之前，首先需要熟悉 TinyOS 开发环境的安装、配置以及目录结构，并掌握它的一般开发过程，建议读者结合本书的实践篇学习本节。

1.4.1 开发环境

TinyOS 本质上是一个编程框架，它的完整开发环境包括以下内容：

✧ 操作系统：TinyOS 需要在 Linux 环境下进行开发，如果要在 Windows 上进行开发，需要安装模拟 Linux 操作系统的 Cygwin 程序包。

✧ JAVA JDK：TinyOS 部分工具命令需要 JAVA 支持，另外 JAVA 还可用于某个硬件平台(如 mote)与 PC 机进行数据交互的模拟程序编写，以方便用户观看运行结果。

✧ TinyOS 操作系统：TinyOS 编程框架本身。

✧ 编译工具链：当前官方发布的是三个工具，包括 nesC 语言编译器、Deputy 工具和 tinyos-tools。

✧ GraphViz 可视化工具：TinyOS 编译工具包括一个 nesdoc 工具，可以将用户 nesC 源码中的组件调用关系生成 HTML 文档，期间用到的 GraphViz 工具可绘制“调用关系图”。

✧ 本地编译器：nesC 编译器生成的 C 程序最终还需要特定硬件平台的编译器编译成硬件可运行的二进制代码，例如若使用 CC2530，可安装 IAR For 51 编译器。

✧ 代码编辑器：在 Linux 下可以使用 vim、emacs、gedit 等，如果是在 Windows 下使用 Cygwin 进行 TinyOS 开发，推荐使用 EditPlus。

本书使用的开发环境如下：

✧ 硬件平台：与本书配套的 Zigbee 开发套件。

✧ 操作系统：基于 Windows 的 Cygwin。

✧ TinyOS 操作系统：tinyos-2.1.0-2.cygwin.noarch.rpm。

✧ TinyOS 工具链：nesc-1.3.0-1.cygwin.i386.rpm、tinyos-deputy-1.1-1.cygwin.i386.rpm、tinyos-tools-1.3.0-1.cygwin.i386.rpm。

✧ 本地编译器：IAR For 51。

✧ 代码编辑器：EditPlus 3.30。

✧ 其他工具：jdk1.6、graphviz-1.10。

开发环境的详细安装过程，请参见本书实践篇。

1.4.2 编程特点

TinyOS 操作系统由 nesC 语言写成，从程序员角度看，它的基本作用就是提供了一组 API 接口(包括可调用的组件库、部分 C 语言结构体和数据类型)，以及一些编程规则。具体来说，基于 nesC 语言的 TinyOS 编程行为具有以下特点：

✧ 平台化编程：实际开发时，首先要根据用户选定的硬件平台移植 TinyOS，后续开发都在这个“特定平台”上进行工作(本书所有示例是基于 TI CC2530 芯片的代号为 mytinyos 的开发平台)。

✧ 兼容 C 语法：使用 nesC 进行 TinyOS 编程时可以使用 C 语言中几乎所有的结构体、函数等语法。事实上，nesC 仅仅是在较高的层次上增加了一些新的数据结构(即接口和组件)和并发执行模型。

✧ 组件式编程：组件类似于面向对象语言(如 C++或 JAVA)的类对象，可以提供或使用接口(interface)，并且有自己的内部实现(implementation)，程序员使用代码确定组件之间的连接关系。与 C++或 JAVA 不同的是，组件对象的实例化是在编译时进行的。

✧ 任务式编程：TinyOS 提供一个简单的延期任务机制，即用 task 关键字修饰的任务函数使用 post 关键字投递后，可以被 TinyOS 的任务调度程序调度执行。任务可以使组件在“后台”运行，而不是立即执行。

✧ 分阶段作业编程：当编写一个需要长时间运行的作业代码时，将其分为两个阶段，即调用和完成调用。例如一个读传感器工作，可以写成两个函数，read 和 readDone 函数，当 read 函数读完时，在函数内部通过任务给调用者激发一个 readDone 事件。

✧ 事件驱动编程：事件机制导致代码的执行路径是不可预知的，不同的事件执行不同的代码片段。TinyOS 有两种事件：硬件中断事件和程序事件(由程序本身使用 signal 关键字来激发的事件)。

✧ 并发执行模型：nesC 将代码区分为同步(sync)代码和异步(async)代码。其中同步代码仅由任务来执行；异步代码可被任务和中断处理程序执行，nesC 编译器检查并确保这个规则被执行。

关于 TinyOS 详细编程语法(即 nesC 编程语法)请参见本书第 2 章。

⚠ 注意：由于 nesC 语言就是为 TinyOS 而产生的，大多数情况下在提到“TinyOS 编程特点或语法”时，其实指的是 nesC 的“编程语法或特点”。

1.4.3 目录结构

本书是在 Cygwin 下进行 TinyOS 开发的，下面分别介绍安装和配置成功后的 Cygwin、TinyOS 以及本书所移植平台 mytinyos 的目录结构。

1. Cygwin 目录

Cygwin 是一个在 Windows 操作系统上运行的 UNIX/Linux 模拟环境，它对于 Windows 用户学习 UNIX/Linux 操作或开发非常有用。由于 Cygwin 是模拟 UNIX/Linux，因此它的目录结构与真实的 UNIX/Linux 非常相似。Cygwin 在 Windows 下安装完毕后，在资源管理器中看到的目录结构如图 1-2 所示。

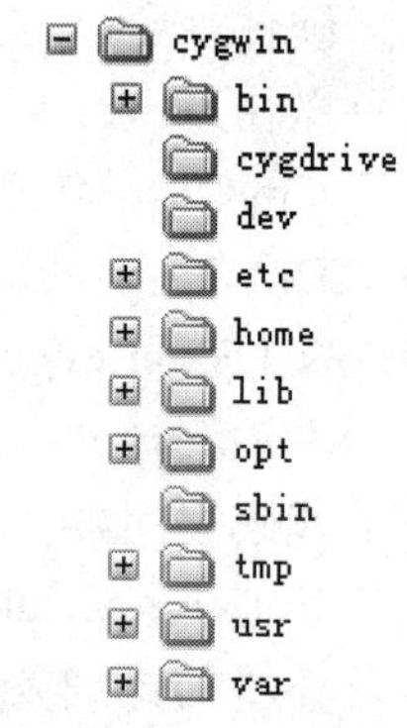

图 1-2 Cygwin 目录结构

各子目录的说明如表 1-3 所示。

表 1-3 Cygwin 子目录说明

目录	用 途	Windows 下访问说明
bin	二进制(binary)目录，存放系统必备的可执行命令或程序	可在 Windows 下直接访问，但一般不进行修改
cygdrive	在 Cygwin 运行时该目录映射了当前 Windows 系统的整个文件系统，通过该目录可以访问诸如 C、D、E 等磁盘分区	此目录在 Windows 下打开后是空的，并且不要直接修改它
dev	设备驱动目录，存放链接到计算机上设备的对应文件	可在 Windows 下直接访问，但一般不进行修改
etc	存放和特定主机相关的文件和目录，例如系统配置文件，这个目录下的文件主要由管理员使用；普通用户对大部分文件只有读权限	可在 Windows 下直接访问，但一般不进行修改
home	用户主目录，存放所有普通系统用户的默认工作目录	可在 Windows 下直接访问，可以修改其中的“.bashrc”文件，增加环境变量、添加启动脚本等
lib	存放系统运行时的共享库文件	可在 Windows 下直接访问，但一般不进行修改
opt	用来安装附加软件包，TinyOS 源码以及移植后的平台源码一般安装在此目录下	可在 Windows 下直接访问，需要时可以修改或编辑该目录

续表

目录	用　途	Windows 下访问说明
sbin	存放系统管理用的重要可执行命令或程序	可在 Windows 下直接访问，但一般不进行修改
tmp	存放临时性的文件，一些命令和应用程序会用到这个目录	可在 Windows 下直接访问，需要时可以修改或编辑该目录
usr	存放用户管理系统时用到的命令、帮助手册、编程用到的头文件等	可在 Windows 下直接访问，但一般不进行修改
var	用来存放易变数据，这些数据在系统运行过程中会不断地改变	可在 Windows 下直接访问，但一般不进行修改

2. TinyOS 源码目录

TinyOS 源码默认安装在 Cygwin 下的 opt 目录，如图 1-3 所示。

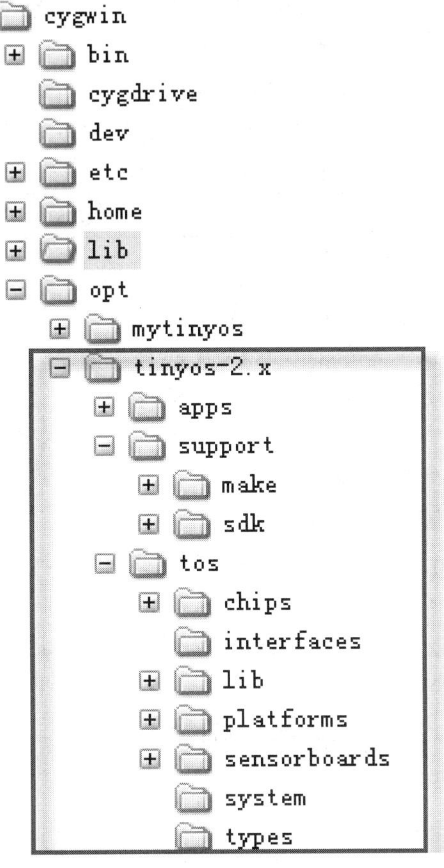

图 1-3　TinyOS-2.x 源码目录

其中 TinyOS 的各子目录说明如表 1-4 所示。

表 1-4　TinyOS 的各子目录说明

目录	子目录	说　明
apps	每个应用程序一个目录	存放官方发布的应用程序案例
support	make	构建工具目录：包含构建(make)TinyOS 系统的通用 Makefile 脚本、通用扩展脚本(.extra 文件)以及官方所支持的 iris、telos、mica2 等平台的 TinyOS 系统构建脚本
	sdk	开发工具包目录：包括 C 和 C++版的串口转发工具程序，支持 TOSSIM 仿真的 Pytohn 和 C 程序，以及 JAVA 应用程序工具
tos	chips	芯片源码目录：TinyOS 官方支持的特定芯片的 nesC 源码，如 Atmega128、CC2420、msp430 等芯片
	interfaces	接口目录：包含 TinyOS 系统核心接口文件，如 Packet、Init、ActiveMessageAddress 等接口
	lib	扩展和通用子系统组件目录：如网络协议、串口、定时器、电源管理等组件
	platforms	平台相关目录：包含与特定芯片会或处理器相关的 C 头文件和 nesC 源码
	sensorboards	传感器驱动目录：包含特定硬件开发板上传感器驱动源码
	system	核心组件目录：TinyOS 系统运行关键组件源码，如 interfaces 目录中接口实现代码
	types	数据类型目录：TinyOS 关键数据类型 C 头文件

3. mytinyos 源码目录

本书配套的硬件设备是基于 CC2530 的开发板，官方发布的 TinyOS 目前还不支持 TI CC2530 芯片，因此本书所用的 mytinyos 是移植后的平台，详细移植过程请参见本书第 4 章。

一般情况下，为了方便发布移植好的新平台，经常把新平台的相关源码和脚本文件独立成一个目录，放在 Cygwin 的“/opt”目录内，并且尽量按照 TinyOS 官方目录结构进行安排其子目录。mytinyos 源码目录结构如图 1-4 所示。

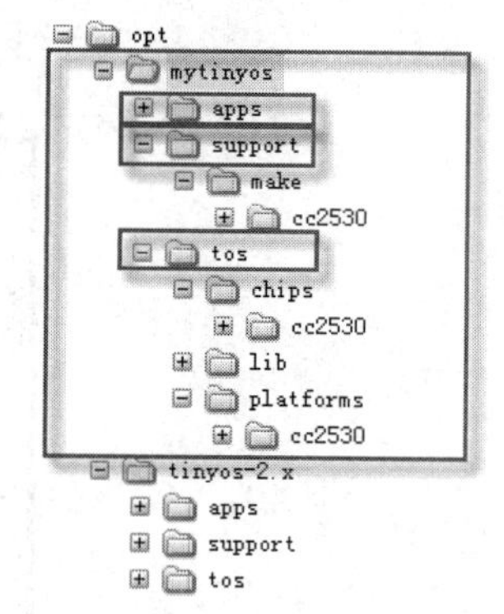

图 1-4　MyTinyOS 源码目录结构

1.5　第一个 TinyOS 程序

本节主要介绍 TinyOS 应用程序的一般开发过程，初步介绍一下 nesC 语言的语法格式。TinyOS/nesC 的详细编程语法请参考本书第 2 章。

1.5.1　程序开发过程

TinyOS 应用程序一般开发过程如下：

(1) 确定硬件资源。

(2) 应用需求分析。

(3) 应用程序组件和接口设计。

(4) 按组件编写程序代码以及 Makefile 文件。

(5) 编译、下载、调试程序。

上述开发过程中的第(3)、(4)步是 TinyOS 区别于其他语言程序(例如 C 或 JAVA)的特色，这是由 TinyOS 或 nesC 编程特点决定的。

1.5.2　第一个 TinyOS 程序

下述内容用于实现任务描述 1.D.1，编写一个开机点亮 LED 的 TinyOS 程序，并编译和下载运行。

1. 组件设计

根据 TinyOS 的组件式编程规则，本例可以划分为两个组件：顶层配置组件和业务组件(也叫核心应用模块)，它们的功能如下：

✧　顶层配置组件：一个应用程序，有且只能有一个顶层配置组件，用于配置程序中的组件之间的接口链接关系。

✧　业务组件：实现点亮 LED。

2. 代码编写

(1) 打开 Windws 资源管理器，在“Cygwin/opt/mytinyos/apps”新建“LedOn”子目录(或在 Cygwin 下用 mkdir 命令新建子目录)，结果如图 1-5 所示。

(2) 使用 EditPlus 程序在此目录内编写两个组件文件，如图 1-6 所示。

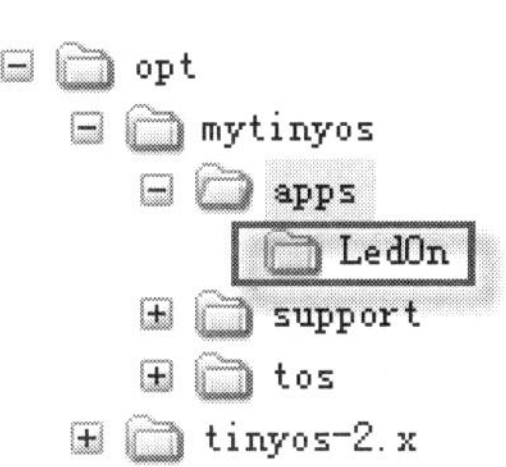

图 1-5　新建 LedOn 子目录

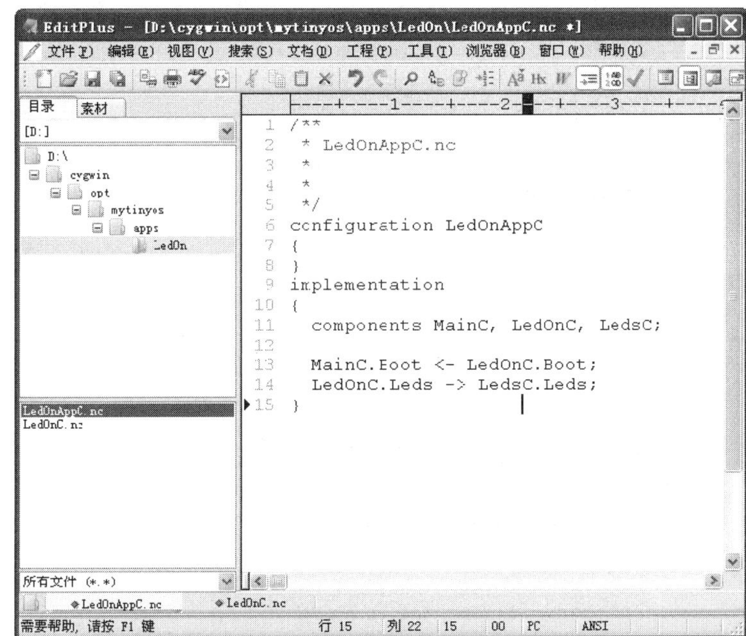

图 1-6　EditPlus 程序编写组件代码

代码如下：

【描述 1.D.1】 LedOnAppC.nc、LedOnC.nc

```
/**
 * LedOnAppC.nc 文件
 */
configuration LedOnAppC
{
}
implementation
{
  components MainC, LedOnC, LedsC;

  MainC.Boot <- LedOnC.Boot;
  LedOnC.Leds -> LedsC.Leds;
}


/**
  * LedOnC.nc 文件
  *
  */
module LedOnC
{
  uses interface Boot;
  uses interface Leds;
}
implementation
{
  task void DoLedOn()
  {
      call Leds.led0On();
  }
  event void Boot.booted()
  {
     post DoLedOn();
  }
}
```

对于上述代码，说明以下几点：

✧ 一般每个组件使用一个 nesC 文件。

- ✧ nesC 文件的扩展名是“.nc”。
- ✧ 顶层配置组件的命名一般含有“App”字符串。
- ✧ 具有关系的两个组件含有相同的字符串，如本例中的“LedOnAppC”和“LedOnC”。
- ✧ 以字母“C”结尾的组件，约定为是公共组件(私有组件约定为“P”结尾)。
- ✧ 关键字“configuration”、“module”用于定义组件。
- ✧ 关键字“task”和“event”分别用于修饰函数为任务函数和事件函数。
- ✧ 关键字“post”用于投递任务。
- ✧ 点亮 LED 是通过在任务函数 DoLedOn( )中调用 Leds 接口的 ledOn( )函数实现的。
- ✧ nesC 文件中的注释与 C 语言中的注释格式一致。

3. 编写 Makefile 文件

使用 EditPlus 程序在“LedOnAppc”目录内建立 Makefile 文件，如图 1-7 所示。

其脚本内容如描述 1.D.1　Makefile 所示。

【描述 1.D.1】　Makefile

```
COMPONENT=LedOnAppC
include $(MAKERULES)
```

上述代码是一种固定写法，每个 TinyOS 的应用程序的 Makefile 文件都至少要包含这两行代码，其中：

✧ “COMPONENT”变量用于指定顶层配置组件的名字。

✧ “include”语句用于包含环境变量“MAKERULES”，它指向 TinyOS 的默认 Makefile 文件(tinyos-2.x/support/make/Makerules 文件)。

关于 TinyOS 的编译规则说明，参见本书第 4 章。

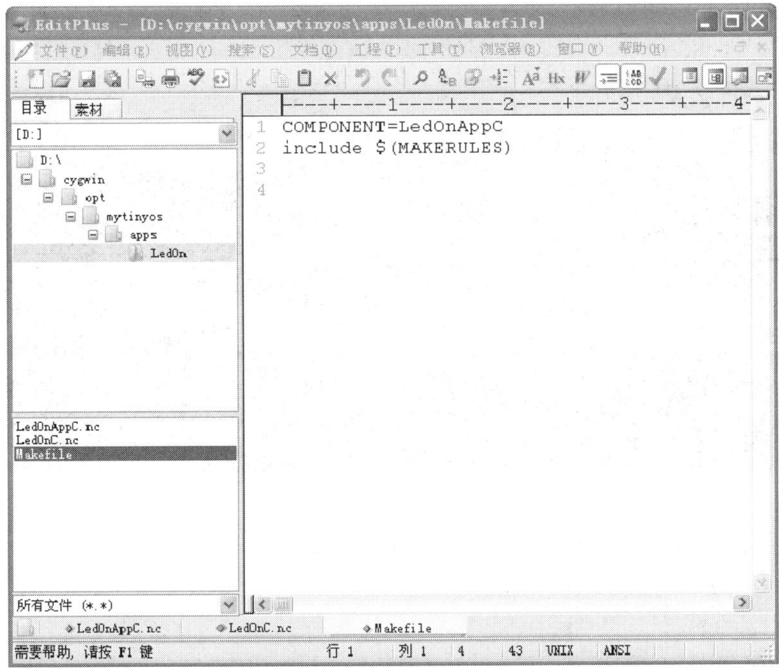

图 1-7　Makefile 文件

4. 编译程序

编译 TinyOS 应用程序需要在 Cygwin 下调用 make 工具命令，具体操作过程如下：

(1) 从 Windows 开始菜单中启动 Cygwin，如图 1-8 所示，进入 mytinyos 的命令行环境，如图 1-9 所示。

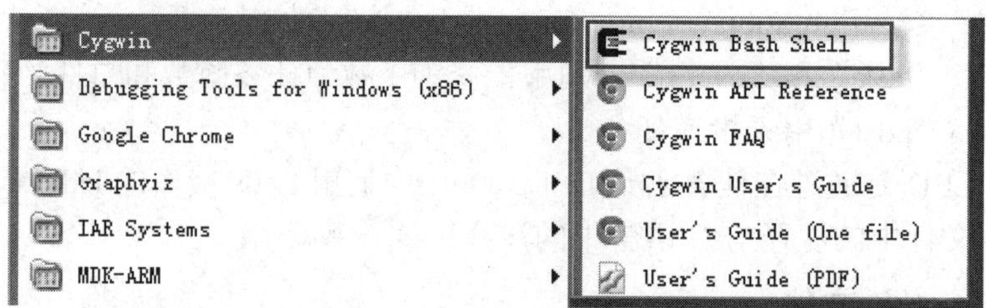

图 1-8　启动 Cygwin

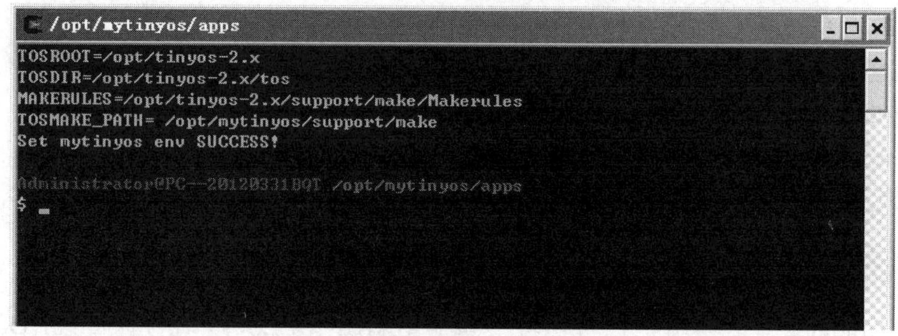

图 1-9　mytinyos 的命令行环境

(2) 在命令行上，输入描述 1.D.1　cd 命令，进入“LedOn”应用程序目录。

【描述 1.D.1】　cd 命令

```
$cd LedOn
```

执行结果如图 1-10 所示。

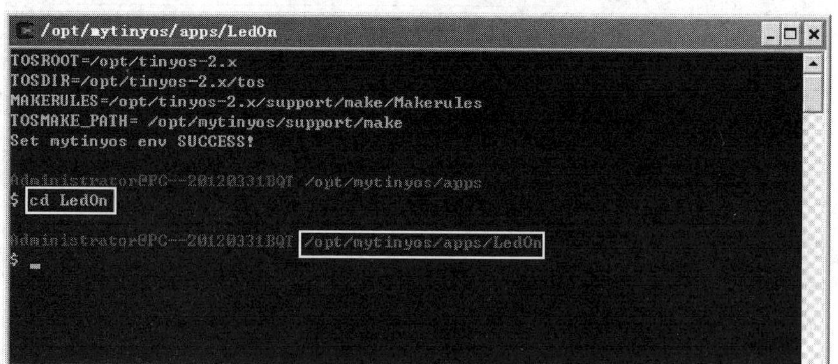

图 1-10　进入 LedOn 目录

(3) 在命令行上继续输入描述 1.D.1　make cc2530 命令，编译 LedOn 程序。

【描述 1.D.1】　make cc2530 命令

```
$make cc2530
```

执行结果如图 1-11 所示。

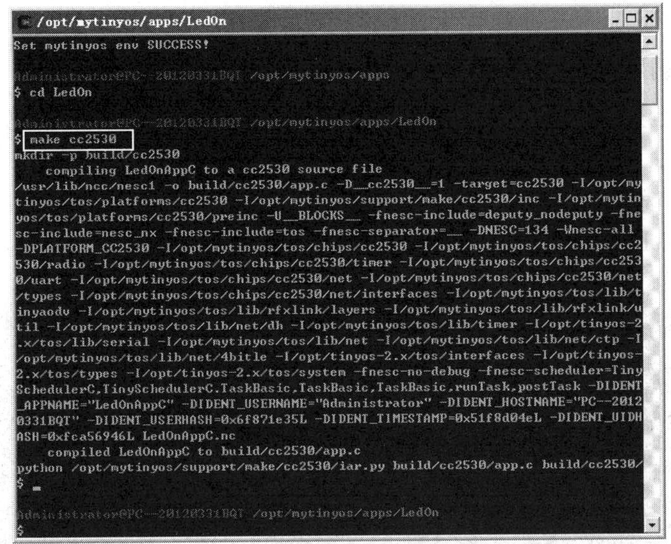

图 1-11　编译 LenOn 程序

5. 下载运行程序

上述步骤仅是将 LedOn 程序目录中的 nesC 组件文件编译成 C 语言文件，进一步可以将该 C 文件编译成 CC2530 可以执行的二进制程序，具体操作步骤如下：

(1) 将仿真器一端与开发板相连，另一端与 PC 机相连。

(2) 在命令行上运行描述 1.D.1　make cc2530 install 命令，可以将 C 文件编译成二进制程序，并且将程序烧写至设备内。

【描述 1.D.1】　make cc2530 install 命令

```
$make cc2530 install
```

执行结果如图 1-12 所示。

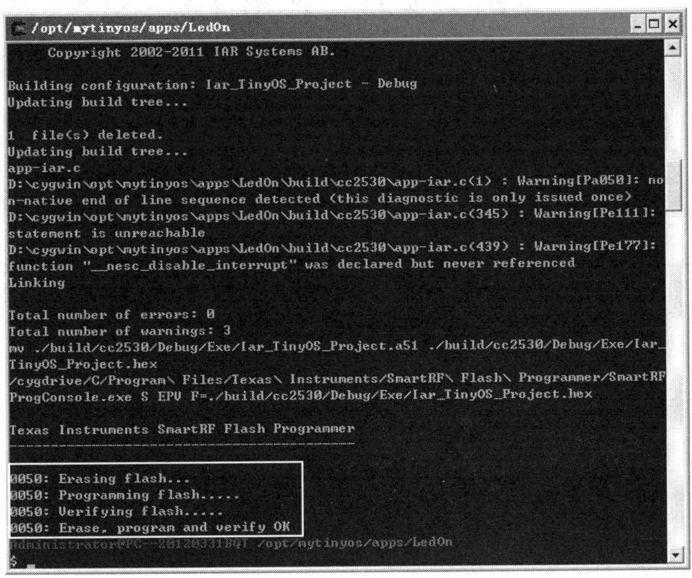

图 1-12　下载运行程序

观察设备运行情况，将看到有一只 LED 被点亮。

6. 查看组件调用关系图

如果要分析程序的组件调用关系图，可以使用描述 1.D.1 make cc2530 docs 命令生成。

【描述 1.D.1】 make cc2530 docs 命令

```
$make cc2530 docs
```

命令执行如图 1-13 所示。

```
/opt/mytinyos/apps/ledon
interface Leds.xml
interface tos.interfaces.Boot.xml
interface tos.interfaces.GeneralIO.xml
interface tos.interfaces.Init.xml
interface tos.interfaces.McuPowerState.xml
interface tos.interfaces.McuSleep.xml
interface tos.interfaces.Scheduler.xml
interface tos.interfaces.TaskBasic.xml
component HplCC2530GeneralIOC.xml
component LedOnAppC.xml
component LedOnC.xml
component LedsC.xml
component LedsP.xml
component McuSleepC.xml
component PlatformC.xml
component PlatformLedsC.xml
component PlatformP.xml
component SchedulerBasicP.xml
component tos.system.MainC.xml
component tos.system.RealMainP.xml
component tos.system.TinySchedulerC.xml
Please open file: /opt/mytinyos/doc/nesdoc/LedOnAppC/cc2530/index.html

Administrator@PC--20120331BQT /opt/mytinyos/apps/ledon
$
```

图 1-13 生成组件调用关系图

最后用浏览器打开“/opt/mytinyos/doc/nesdoc/LedOnAppC/cc2530”目录下的“index.html”即可，如图 1-14 所示。

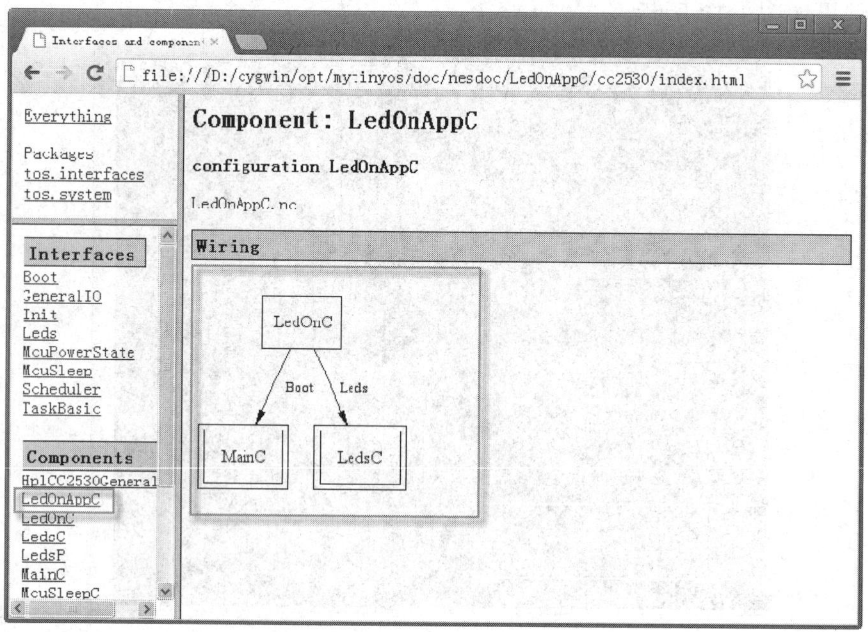

图 1-14 组件调用关系图

小　结

通过本章的学习，应该能够了解到：

◆ 无线传感器网络是大量静止或移动的传感器节点以自组织和多跳的方式构成的无线网络。

◆ 无线传感器网络操作系统是无线传感器网络的关键支撑技术之一。

◆ TinyOS 最初是由加利福尼亚大学伯克利分校专门为无线传感器网络定制研发的嵌入式操作系统。

◆ TinyOS 支持多跳路由协议和最新的 IPv6 协议。

◆ TinyOS 操作系统是由 nesC 语言写成的，nesC 是 C 语言的一种变种。

◆ TinyOS 本质上是一个编程框架。

练　习

1．下列关于 TinyOS 描述错误的是______。

A. TinyOS 起源于加利福尼亚大学伯克利分校的研究项目

B. WSN 操作系统是无线传感器网络的关键支撑技术之一

C. TinyOS 是使用 C 语言编写的

D. 最新的 TinyOS 版本支持 IPv6 协议

2．下列不属于 TinyOS 编程特点的是______。

A. 结构式编程

B. 组件式编程

C. 事件驱动编程

D. 平台化编程

3．简述 TinyOS 的优缺点。

4．使用 mytinyos 平台编译并下载程序的命令是：____________。

第 2 章 nesC 语言基础

本章目标

- 熟悉 nesC 与 C 语言的区别
- 掌握 nesC 的编程思想
- 掌握接口的定义
- 熟悉分阶段操作概念
- 掌握模块的编写方法
- 掌握配件的编写方法
- 掌握参数化接口的使用
- 掌握通用接口的使用
- 掌握通用组件的使用
- 掌握任务的使用
- 熟悉常用接口和组件的使用
- 熟悉可视化组件关系图的生成和使用

学习导航

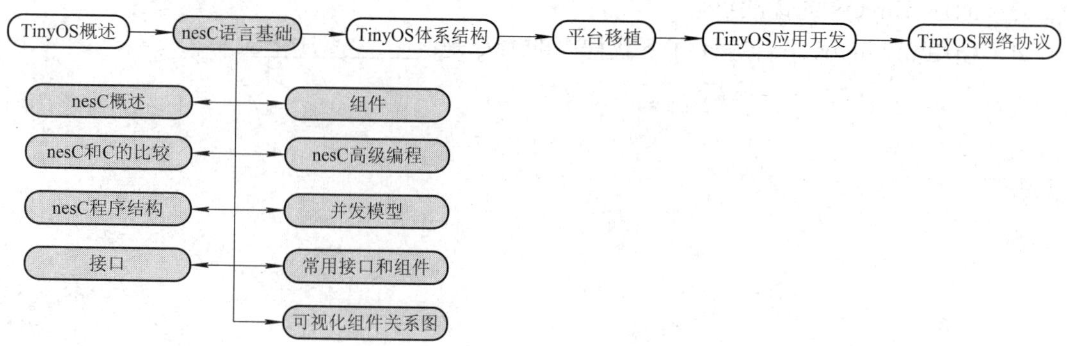

任务描述

【描述 2.D.1】

编写一个温度传感器接口文件，声明“采集数据”的命令函数和“采集完成”的事件函数。

➢【描述 2.D.2】

在描述 2.D.1 的基础上，编写一个模块实现温度传感器接口。

➢【描述 2.D.3】

在描述 2.D.2 的基础上，编写一个模块使用温度传感器接口。

➢【描述 2.D.4】

编写一个 nesC 程序使用定时器接口实现 LED 闪烁。

➢【描述 2.D.5】

编写一个 nesC 程序，执行一个耗时任务，当任务执行时 LED 亮，任务执行完毕 LED 灭。

2.1　nesC 概述

nesC(Network Embedded System C)是专门为编写 TinyOS 以及进行 TinyOS 编写应用程序而发明的一种语言，用 nesC 而不是 C 语言编写 TinyOS(TinyOS 最初是由 C 和汇编编写的)主要基于以下两点：

✧　nesC 在语法上支持 TinyOS 需要的并发执行模型。

✧　nesC 编写的源码为编译器的优化提供了可能，最终可以缩小可执行代码尺寸。

因此，使用 nesC 生成的程序，更加适合无线传感网络节点。由于 nesC 的学习有点难度，建议从 C 和 nesC 的区别入手，辅之以示例，逐渐掌握其编程规则。

nesC 的版本并没有遵循与 TinyOS 的版本标识一同发布，TinyOS 目前的最新版本是 2.1.2，而 nesC 语言的最新版是 1.3。nesC 的主要版本变化如表 2-1 所示。

表 2-1　nesC 的主要版本变化

版本	时间	说　明
1.0	2002 年 9 月	nesC 正式发布，并用该版本 nesC 重新编写了早期的 C 语言版的 TinyOS
1.1	2003 年 5 月	提出原子性代码概念；提出编译时数据竞争监视器机制
1.2	2005 年 8 月	增加通用用户接口、通用化组件等新语法
1.3	2009 年 7 月	支持用于 TinyOS 2.1 的类型和内存安全检查的 Deputy 编译器；nesC 属性可以放在文档注释中

2.2 nesC 和 C 的比较

按照 TinyOS 官方说法，nesC 来源于 C，是 C 语言的一种变种，所有的 C 语言中的结构体、函数、甚至指针(建议少使用指针)、数据类型以及注释格式在 nesC 中依然是合法的，对于 C 程序员来说，nesC 提出了三个“新概念”：

✧ 组件：一组可重用的代码和数据组合，类似于 C++中的类。

✧ 接口：一组可为其他组件服务的函数和事件集合，是组件之间交互的界面。

✧ 并发执行模型：基于任务和中断的处理机制，定义了组件之间如何调用，以及中断代码和非中断代码如何交互执行规则。

nesC 与 C 语言的区别主要有程序组成主体、模块之间的调用、命名空间、编程思想等几个方面，下面将对这几个方面进行分析。

2.2.1 程序组成主体

C 程序是由一系列的函数组成的，而 nesC 程序是由“组件”组成的。用 C 语言实现第 1 章中的 LedOn 示例如示例 2-1 所示。

【示例 2-1】 main.c、LedOn.h、LedOn.c

```
/*C 语言实现 LedOn 示例*/
//main.c 文件
#include "LedOn.h"
int main()
{
    LedOn();
    while(1)
    {
        ;
    }
}

//LedOn.h 文件
#include <iocc2530.h>
void LedOn();

//LedOn.c 文件
#include "LedOn.h"
void LedOn()
{
    //将 P1_0 设置为输出
```

```
        P1DIR |= 0x01;
        //点亮 LED1
    P1_0 = 0;
    }
```

上述 C 程序符合一般项目的编写规则，共分为 3 个文件：

✧ main.c：main( )函数所在文件，包含程序的主逻辑代码。

✧ LedOn.h：头文件，配合 LedOn.c 文件实现函数声明，即 LedOn 模块的接口声明文件。

✧ LedOn.c：LedOn 模块的实现文件，通过 LedOn( )函数实现 LED 的点亮。

通过上述代码与第 1 章中的 nesC 程序示例相比较可以看出：

✧ nesC 程序组成：以文件为单位来组织程序，每个文件由一个“组件”组成，“组件”是 nesC 程序的基本“模块”，在组件中可以声明“使用(uses)”接口或“提供(provides)”接口，可以定义变量和函数。

✧ C 程序组成：以文件为单位来组织程序，文件由一系列函数组成，函数是 C 程序的基本“模块”。

✧ nesC“接口”类似于 C 语言中的头文件，它声明了一系列的函数集合，为组件提供服务，即被组件使用或由某个组件向外提供其实现。

2.2.2　模块之间的调用

C 程序与 nesC 程序的模块之间调用规则有以下不同：

✧ nesC 程序模块(即组件)之间的调用，需要显示指定(通过“配件”指定，如第 1 章示例中的“LedOnAppC”组件)其连接关系，其在编译之前就已经明确了，因此是“静态”调用关系。

✧ C 程序模块(即函数)之间的调用，根据代码逻辑可以“随意”调用，甚至可以通过“函数指针”动态改变调用关系。

2.2.3　命名空间

从语法上看，nesC“组件”本质上是由 C 语言的变量和函数组成的，nesC 组件、函数和变量的作用域(命名空间)有以下特点：

✧ 在 nesC 中也可以定义全局变量，但建议尽量少使用全局变量。

✧ nesC 组件作用域是全局的。

✧ nesC 组件中的变量和函数对整个组件可见，组件外部不可以访问。

2.2.4　编程思想

相对于 C 语言来说，nesC 的程序组成主体、模块调用等不同所带来的直接结果就是编程思想的不同，这也是 nesC 与 C 语言最本质的区别。

nesC 编程思想就是事件驱动、组件式编程。基于此，程序设计时要注意以下两点：

✧ 通过使用“组件”来划分程序的业务功能。

✧ 要注意捕捉系统事件(如硬件中断)，并且通过处理事件来完成整个程序的运行。

另外，在进行 nesC 编程时，应使用公认的编程约定(详细内容参见本书实践篇 2 的知识拓展)。

总结起来，nesC 与 C 语言的区别如表 2-2 所示。

表 2-2　nesC 与 C 的区别

语言	程序主体	模块调用	命名空间	编程思想
C	.c 文件：函数是主体	可以随意调用	各个函数对全局可见；函数是一个单独的作用域	函数式结构化编程
nesC	.nc 文件：单个组件是主体	静态指定连接关系	各个组件对全局可见；组件是一个单独的作用域	组件式编程

2.3　nesC 程序结构

本节从宏观角度介绍 nesC 程序的组成。

2.3.1　程序文件

一般情况下，nesC 程序文件组成有以下几部分：

✧　C 语言头文件：TinyOS 程序的运行需要少量的 C 语言头文件，它们被组件文件包含从而参与程序的编译。这些头文件主要包括结构体、数据类型以及宏定义等。

✧　接口文件：当系统提供的接口不能满足要求时，用户可自定义接口类型。

✧　组件文件：包括程序中的逻辑算法代码和组件配置关系文件。

✧　Makefile 文件：被 make 工具调用的编译管理文件。

接口文件和组件文件是 nesC 程序的重要语法文件，也是本章介绍的重点。

2.3.2　组件

一个完整的 nesC 程序是由多个组件组成的，组件是 nesC 程序的可运行模块，它们交互使用(通过接口相互调用)形成有意义的 nesC 程序。组件分为两类：模块和配置组件(简称配件)。

✧　模块(Module)是 nesC 程序的逻辑功能实体，通过提供接口或使用接口以实现某个确切的业务算法。

✧　配件(Configuration)负责把其他组件装配起来，把组件“使用的接口”绑定到“提供该接口”的组件上。

通俗地说，模块是包含“可执行代码”的组件，配件是包含“组件关系”的组件。

2.3.3　程序结构

一般情况下，一个可运行的 nesC 应用程序结构应有如图 2-1 所示的结构。

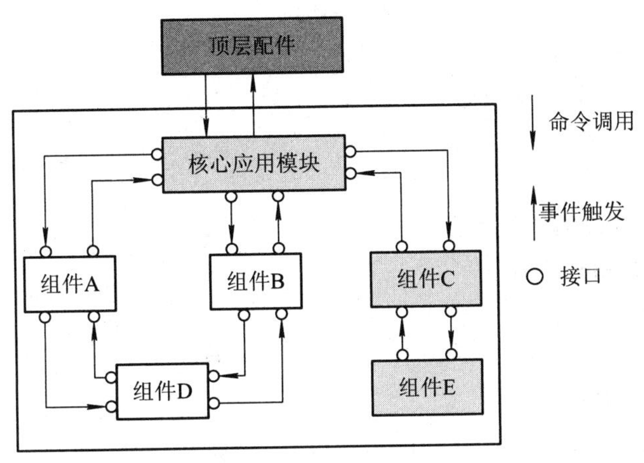

图 2-1　nesC 程序结构

从图 2-1 可以看出，程序中一般有三类组件(文件)，组件通过接口相互连接，其中：

✧　顶层配置组件(简称顶层配件)，nesC 程序有且仅有一个，说明应用程序要使用的组件及组件间的接口关系。顶层配件一般以“应用名称+AppC”命名，如第 1 章示例中的 LedOnAppC 组件。

✧　核心应用模块：处理程序的主运算逻辑类似 C 语言中 main( )函数，核心应用模块一般以“应用名称+C”命名，如第 1 章示例中的 LedOnC 组件。

✧　其他组件：完成程序其他功能的组件，包括配件和功能模块。

2.3.4　核心应用模块

核心应用模块的实现(implementation)包括两部分代码：入口函数和其他函数，下面对其进行分别介绍。

1. 入口函数

与 C 语言不同，nesC 程序的入口需要在“核心应用模块中”使用(uses)系统提供的“Boot”接口，然后在程序中实现该接口的“booted”事件函数，此函数就是 nesC 应用程序的入口，关于接口的详细信息见下节。当程序运行时，由 TinyOS 系统自动调用该函数。对于入口函数要注意以下几点：

✧　入口函数必须存在于某个模块中(即核心应用模块中)，本质上是系统接口 Boot 的“事件函数”。

✧　入口函数有且只能有一个。

入口函数的主要功能如下：

✧　应用程序初始化，如启动定时器、点亮 LED 等。

✧　启动程序的其他函数。

入口函数的语法如语法 2-1 所示。

【语法 2-1】　入口函数

```
//入口函数—其实是 Boot 接口的事件函数
event void Boot.booted()
```

```
{
    //程序启动代码
    //一般是启动一个任务函数
}
```

示例 2-2 演示了入口函数的写法。

【示例 2-2】 SampleLed.nc

```
module SampleLed
{
  uses interface Boot;
  uses interface Leds;
}
implementation
{
//任务函数
task void DoLedOn()
  {
        call Leds.led0On();
  }
  //入口事件函数
  event void Boot.booted()
  {
     post DoLedOn();
  }
}
```

2. 其他函数

其他函数包括模块使用的除 Boot 接口以外的“其他接口事件函数”和“程序功能算法函数”，如上述代码中的任何函数 DoLedOn()。其他函数都是被入口事件函数直接或间接启动(或调用)的。

2.4 接口

接口是一个被声明的有意义函数的集合，类似于 C 语言中的头文件或 C++的类定义。

2.4.1 接口规则

接口提供给组件来使用，并且必须由某个组件来实现才有意义。nesC 关于接口的详细规定如下：

✧ 接口由一个或多个命令(command)函数和事件(event)函数组成，可以只有命令函数或只有事件函数。

✧ 接口可以被多个组件来实现(由配件来指定具体使用哪个实现)。

✧ 实现接口的组件，必须实现接口中的所有命令函数。

✧ 使用接口的组件，必须实现接口中的所有事件函数。

✧ 一个接口对应一个 nesC 源文件(即一个 nc 文件中只能有一个接口定义)。

关于组件和配件的详细内容见 1.4 节。

2.4.2 接口的定义

接口在 nc 文件中通过关键字“interface”和一对大括号来定义，如语法 2-2 所示。

【语法 2-2】 接口定义

```
interface 接口名
{
    command 类型  函数名(形参列表);  /*接口命令声明*/
    …
    event 类型  函数名(形参列表);     /*接口事件声明*/
    …
}
```

接口中的函数有两类：

✧ 命令函数，使用“command”关键字修饰，由实现该接口的组件(称为提供者)提供具体的函数实现，并且由使用该接口的组件(称为使用者)来调用。

✧ 事件函数，使用“event”关键字修饰，由使用该接口的组件提供具体的函数实现，并且由提供该接口的组件来调用，以用于实现“事件通知”效果。

以下代码用于实现任务描述 2.D.1，编写一个温度传感器接口文件，声明“采集数据”的命令函数和“采集完成”的事件函数。

【描述 2.D.1】 TempSensor.nc

```
interface TempSensor
{
  /**
   * 读传感器
   * 无参数
   */
  command void ReadData();
  /**
   * 通知传感器数据已经读完
   * 参数:pData，返回的数据指针
   * 参数:nByteSize，返回数据的字节数
   */
  event void ReadDone(char* pData,int nByteSize);
}
```

从上述代码可以看出，除关键字“command”和“event”外，接口中的命令或事件函数从语法角度看就是普通的 C 语言函数。

2.4.3 分阶段操作

nesC 提供了分阶段(Split-phase)操作机制，具体实现是通过“分阶段操作接口”解决某些耗时操作的等待问题，例如读取传感器时需要等待模数转换完成。前面例子中的 TempSensor 接口即是分阶段接口。

分阶段接口是双向的，至少包含以下两个函数：

✧ 向下的命令函数：用于启动耗时操作(如 ReadData 命令函数)。命令函数被看做为分阶段作业的起始部分。

✧ 向上的事件函数：用于通知调用操作完成(如 ReadDone 事件函数)。事件函数被看做为分阶段作业的后续部分。

编写 nesC 程序时，要善于使用系统提供的分阶段操作接口，必要时用户自己也可以编写分阶段操作接口。

2.5 组件

掌握组件的编写和使用是进行 nesC 编程的基础。本小节首先介绍了组件的通用语法，包括组件的通用定义和组件中的接口声明，然后将组件分为模块和配件，分别介绍它们的编写及使用方法。

2.5.1 组件定义

每个组件(模块或配件)对应一个 nc 源文件，组件定义语法如语法 2-3 所示。

【语法 2-3】 组件定义

```
module 模块名
{
    //接口声明
}
implemention
{
    //模块实现
}
```

```
configuration 配件名
{
    //接口声明
}
implemention
{
    //模块实现
}
```

从上述规范可以看出：

✧ 组件分为两个区：“声明区(Signatures)”和“实现区(Implemention)”。

✧ 模块和配件在定义时的区别体现在关键字“module”和“configuration”的使用。

其实，模块和配件最大的不同就在于它们的实现区。模块的实现区由一系列类似 C 代码的函数组成，配件的实现区由一系列“连接代码”组成，定义程序中组件之间的连接关系。

2.5.2　接口声明

模块或配件的声明区是一样的，都是用于声明组件“要使用”或对外“提供”的接口。声明接口的完整语法如语法 2-4 所示。

【语法 2-4】　接口声明

```
//声明要使用的接口
uses
{
  interface X as Y
  ...
}
//声明要提供的接口
provides
{
  interface A as B
  ...
}
```

或者：

【语法 2-5】　接口声明

```
//声明要使用的接口
uses    interface X as Y
...
//声明要提供的接口
provides interface A as B
...
```

其中关键字“as”用于为接口“X”或“A”命名接口别名，它们可以省略，如语法 2-6 所示。

【语法 2-6】　接口声明

```
uses interface X
```

其实，上述代码是“**uses interface** X as X”的缩写。

当需要多次提供或使用同一接口时，必须使用关键字“as”来区分同一类型接口的多个实例。例如模块 LedsP 通过使用关键字“as”，为接口 GenerolIO 的三个实例定义了不同的别名，如示例 2-3 所示。

【示例 2-3】　LedsP.nc

```
//模块 LedsP，“@”代表属性
module LedsP @safe()
{
  provides
```

```
    {
        interface Init;
        interface Leds;
    }
    uses
    {
        interface GeneralIO as Led0;
        interface GeneralIO as Led1;
        interface GeneralIO as Led2;
        interface GeneralIO as Led3;
    }
}
implementation
{
…
}
```

2.5.3 模块

模块的通用定义语法如语法 2-7 所示。

【语法 2-7】 模块定义

```
module 模块名
{
    //接口声明
}
//模块实现区
implementation
{
        变量定义
        普通函数
        {
            …
        }
        task 任务函数
        {
            …
        }
        command 命令函数
        {
          …
```

```
        }
        event 事件函数
        {
            …
        }
    }
```

上述定义中，接口声明区的作用与前述组件定义所介绍的接口声明作用一样，其中实现区是模块的代码部分，一般包括如下内容：

✧ 变量定义：本模块功能算法所用的变量，变量只在模块内有效。

✧ 普通函数：模块实现具体的业务算法所用到的其他功能函数。

✧ 任务函数：由 TinyOS 操作系统调度执行的函数，关于“任务”，详细内容见本章后面小节。

✧ 命令函数：模块“提供的接口”所规定的“所有命令函数”。

✧ 事件函数：模块“使用的接口”所规定的“所有事件函数”。

1. 模块变量

模块中变量的定义与 C 语言中的变量是一致的，可以在定义时进行初始化，也可先定义后初始化。关于模块变量有以下几点要注意：

✧ 模块变量的作用域在模块内，其他组件不可访问。

✧ 模块变量是“静态变量”，在程序生存期内一直存在，类似于 C 语言中用 static 声明的变量。

✧ 不提倡使用 malloc 或其他库函数来动态分配内存。推荐使用静态内存，例如数组。

2. 模块普通函数

模块中的普通函数的定义与 C 语言中的变量是一致的，在使用前先声明。与模块变量作用域一样，普通函数的作用域在模块内，其他组件不能访问。

3. 命令函数实现

命令函数由提供接口的代码来实现，需要用到关键字“command”，语法格式如语法 2-8 所示。

【语法 2-8】　命令函数

```
command　类型　接口名.命令函数(形参表)
{
    //命令函数的实现
}
```

4. 调用命令函数

接口的使用者，要调用接口的命令函数来执行接口的某项功能，使用 call 关键字，其语法格式如语法 2-9 所示。

【语法 2-9】　调用命令函数

```
//不需要获得返回值
```

```
call 接口名.命令函数(函数实参);
//需要获得返回值
变量 = call 接口名.命令函数(函数实参);
```

上述语句，可以认为是“call+函数调用”，请注意，语句后面的分号不能省略。

5. 事件触发

为接口提供实现的模块，一般要提供调用事件函数的代码，即触发事件，以通知调用该接口的组件，使用 signal 关键字，其语法格式如语法 2-10 所示。

【语法 2-10】 事件触发

```
signal 接口名.事件函数(函数参数);
```

上述语句，可以认为是“signal+函数调用”语句，请注意，语句后面的分号不能省略。

以下代码用于实现任务描述 2.D.2，在 2.D.1 的基础上，编写一个模块实现温度传感器接口。

【描述 2.D.2】 TempSensorC.nc

```
module TempSensorC
{
//提供上例定义的 TempSensor 接口
        provides interface TempSensor;
}
implementation
{
        char sBuf[255];
        //实现 TempSensor 接口的 ReadData 命令函数
        command void TempSensor.ReadData()
         {
              //数据采集代码
              …
              //数据采集完毕后，用事件通知调用该接口的组件
              signal TempSensor.ReadDone(sBuf,255);
        }

}
```

6. 事件函数的实现

事件函数的实现是由使用接口的组件来提供的，需要用到关键字“event”，其语法格式如语法 2-11 所示。

【语法 2-11】 事件实现

```
event  类型  接口名.事件函数(形参表)
{
```

```
    //事件函数的实现
}
```

以下代码用于实现任务描述 2.D.3，在 2.D.2 的基础上，编写一个模块使用温度传感器接口。

【描述 2.D.3】　ReadTempSensorC.nc

```
module ReadTempSensorC
{
    uses interface Boot;
    uses interface TempSensor;
    uses interface Leds;
}
implementation
{
  task void ReadTempSensor()
  {
      //点亮 LED0 表示启动了数据采集
      call Leds.led0On();
      //调用 TempSensor 接口的 ReadData 函数开始数据采集
      call TempSensor.ReadData();
  }
  event void TempSensor.ReadDone(char* pData,int nByteSize)
  {
     //该函数被调用时，表示数据采集已经结束
      //点亮 LED1 表示数据采集结束
      call Leds.led1On();
      //其他数据处理代码
  }
  //入口函数
  event void Boot.booted()
  {
     post ReadTempSensor();
  }
}
```

2.5.4　配件

配件用于确定组件之间的接口连接(Wiring)关系。只有确定了组件之间的连接(Wiring)，nesC 编译器才能将程序编译成一个合法的可运行的程序。配件的通用定义语法如语法 2-12 所示。

【语法 2-12】 配件定义

```
configuration 配件名
{
      //接口声明
}
implementation
{
   //组件声明语句

   //组件连接语句
}
```

从以上定义可以看出，配件实现代码由两部分组成：组件声明语句和组件链接语句。组件必须先声明才能进行连接。下面详细讲解它们的语法及使用。

1. 组件声明

声明组件的作用是声明配件要管理的所有组件(包括模块和组件)，为后面的组件链接语句提供合法标示。组件声明使用关键字“components”，并且可以使用关键字“as”指定别名，语法格式如语法 2-13 所示。

【语法 2-13】 组件声明

```
components 组件 A as AA,组件 B as BB,组件 C as CC,…;
```

或者：

【语法 2-14】 组件声明

```
components 组件 A as AA;
components 组件 B as BB;
components 组件 C as CC;
…
```

与接口声明类似，“as+别名”可以省略。使用关键字“as”设定别名的意义有以下几个：

✧ 简化复杂长名字的组件。

✧ 多次实例化同一通用组件(关于通用组件，请参见 2.6.3 节)。

✧ 代码易于移植，例如当需要在配件中更换组件时，只需替换组件声明这一行，不需要修改程序中使用该组件的代码行。

2. 连接

配件中的连接(或绑定，英语名称是 Wiring)代码用于把配件声明的接口或组件联系在一起，其作用有以下几点：

✧ 明确某个组件使用的接口是由哪个组件提供的实现。

✧ 明确当前配件对外提供的接口是由哪个组件提供的实现。

连接操作的语法如语法 2-15 所示。

【语法 2-15】　连接操作

组件.接口 连接符 组件.接口

其中连接符有两类：

✧　“->”或“<-”：这两个操作符作用是一样的，箭头从使用接口的组件指向提供接口的组件。使用时要求符号两边的组件必须是配件“实现区”声明的组件。

✧　“=”：主要用于输出配件中对外提供的接口。使用时要求符号两边至少有一个是配件“声明区”声明的接口。

在实际使用上述语法时，其中一端的“.接口”可以省略，例如：

```
LedsP <- PlatformLedsC.Init;
```

等价于

```
LedsP.Init <- PlatformLedsC.Init;
```

系统提供的 Leds 配件连接操作示例如示例 2-4 所示。

【示例 2-4】　LedsC.nc

```
configuration LedsC
{
  //声明对外提供的接口
  provides interface Leds;
}
implementation
{
  //声明配件所管理的组件
  components LedsP, PlatformLedsC;
  //输出 Leds 接口，由 LedsP 实现
  Leds = LedsP;
  // PlatformLedsC.Init 由 LedsP.Init 提供
  LedsP.Init <- PlatformLedsC.Init;
  // PlatformLedsC.Led0 由 LedsP.Led0 提供
  LedsP.Led0 -> PlatformLedsC.Led0;
  LedsP.Led1 -> PlatformLedsC.Led1;
  LedsP.Led2 -> PlatformLedsC.Led2;
  LedsP.Led3 -> PlatformLedsC.Led3;
}
```

2.6　nesC 高级编程

前面几节讲的是 nesC 的基本语法，熟练使用后可以完成基本的 nesC 程序编写。本节介绍 nesC 的高级编程，包括参数化接口、通用接口、通用组件、编程实例等，可以充分发挥 nesC 语言的强大功能及灵活性。

2.6.1 参数化接口

参数化接口(Parameterized Interfaces)的作用就是允许为组件提供同类型接口的多个实例。参数化接口实质上是接口数组，数组的索引是接口参数，其标示了调用组件，并且在编译时确定。参数化接口的定义与普通接口的定义没有区别，下面介绍其声明、实现和连接的语法。

1. 参数化接口声明

只有当组件在对外提供接口时(使用时的声明与普通接口一样)才可能出现参数化接口(接口数组)的声明，接口声明时要有数组下标，语法格式如语法 2-16 所示。

【语法 2-16】 参数接口的声明

```
provides interface  接口名[数据类型  标示符];
```

例如系统组件 ActiveMessageC 对外提供了四个参数接口，代码如示例 2-5 所示。

【示例 2-5】 ActiveMessageC.n

```
configuration ActiveMessageC
{
        provides
        {
                interface SplitControl;

                interface AMSend[uint8_t id];
                interface Receive[uint8_t id];
                interface Receive as Snoop[uint8_t id];
                interface SendNotifier[am_id_t id];
                ……
        }
}
implementation
{
    …
}
```

2. 参数化接口实现

在模块内实现参数化接口的命令或事件函数时，函数名后要有数组下标，语法格式如语法 2-17 所示。

【语法 2-17】 参数化接口实现

```
command  类型  接口名.函数名[数据类型  标示符](形参)
{
    …
}
```

```
event 类型 接口名.函数名[数据类型 标示符](形参)
{
    …
}
```

例如系统组件 SchedulerBasicP(任务调度组件)中用到了参数化接口，代码如示例 2-6 所示。

【示例 2-6】 SchedulerBasicP.nc

```
module SchedulerBasicP @safe()
{
   provides interface Scheduler;
   //参数化接口声明
   provides interface TaskBasic[uint8_t id];
   uses interface McuSleep;
}
implementation
{
   …
   //参数化接口的命令函数实现
async command error_t TaskBasic.postTask[uint8_t id]()
   {
      atomic { return pushTask(id) ? SUCCESS : EBUSY; }
   }
   …
}
```

3. 参数化接口连接

参数化接口在连接时，根据连接操作符两端的接口是否是参数化接口，其语法格式分为两种情况。

(1) 操作符两端都是参数化接口。

这种情况下，连接语句的写法与两端都是普通接口的写法一致。例如，系统配件 TinySchedulerC 对外提供参上述数化接口 TaskBasic，其连接代码如示例 2-7 所示。

【示例 2-7】 TinySchedulerC.nc

```
configuration TinySchedulerC
{
   provides interface Scheduler;
   provides interface TaskBasic[uint8_t id];
}
implementation
```

```
{
    components SchedulerBasicP as Sched;
    components McuSleepC as Sleep;
    Scheduler = Sched;
    //等价于 TaskBasic = SchedulerBasicP.TaskBasic，两端都是参数化接口
    TaskBasic = Sched;
    Sched.McuSleep -> Sleep;
}
```

(2) 其中一端是参数化接口。

这种情况下，参数化接口要填写确定的参数(即数组索引)。语法格式如语法 2-18 所示。

【语法 2-18】 参数化接口连接

组件 1.接口名 1 连接符 组件 2.接口名 2[索引值]

其中，索引值是一个整数，由用户提供，告诉编译器以标示调用组件(即接口的使用者是谁)。为了避免程序出错，索引值可以使用以下两个函数获得：

✧ unique(char* identifer)函数：参数为字符串，如果程序包含 n 个相同字符串作为参数的 unique()调用，每个调用返回一个 0～n−1 之间的无符号整数，且互不相同(注意：不同字符串参数的调用返回值有可能相同)。

✧ uniqueCount(char* identifer)函数：参数为字符串，如果程序包含 n 个相同字符串为参数的 uniqueCount( )调用，每个调用都返回 n。

例如，可以编写示例 2-8 代码使用上述系统组件 ActiveMessageC 提供的参数化接口 AMSend 和 Receive。

【示例 2-8】 AMTestC.nc、AMTestAppC.nc

```
// AMTestC.nc
module AMTestC
{
    uses
    {
        interface Recieve;
        interface AMSend;
    }
}
implementation
{
    …
}
// AMTestAppC.nc
configuration AMTestAppC
{
    …
```

```
}
implementation
{
    …
    components ActiveMessageC;
    components AMTestC as App;
    App.Receive -> ActiveMessageC.Receive[uniqueCount("MyRadio")];
    App.AMSend -> ActiveMessageC.AMSend[uniqueCount("MyRadio")];
}
```

上述代码中，ActiveMessageC 组件要求发送和接收者必须使用同一个实例才能保证两者数据收发成功，因此用到了 uniqueCount( )函数。

2.6.2　通用接口

通用接口(Generic Interfaces，有的资料也翻译为“带有参数的接口”，请读者注意与“参数化”接口的区别)是指有数据类型的接口，其意义在于可以使接口适用于多种数据类型。

1. 通用接口定义

通用接口在定义时要使用尖括号将数据类型扩起来，语法如语法 2-19 所示。

【语法 2-19】　通用接口定义

```
interface 接口名<类型 1,类型 2,类型 n>
{
    //事件函数或命令函数声明
}
```

对于上述定义有以下规则：

✧　大括号内的类型，可以有一个或多个，之间使用逗号分隔。

✧　接口内声明的事件函数或命令函数可以使用或不适用大括号内的类型。

示例 2-9 是 TinyOS 中的通用接口 Read 的定义。

【示例 2-9】　Read.nc

```
interface Read<val_t>
{
  command error_t read();
  event void readDone( error_t result, val_t val );
}
```

上述代码中，通用接口 Read 具有一个参数类型 val_t，用于定义读取的数据类型，其中事件函数 readDone 中使用该类型返回读取到的数据。

为了使任务描述 2.D.1 中的 TempSensor 接口具有通用性，可以修改为通用接口，示例代码如示例 2-10 所示。

【示例 2-10】　TempSensor.nc

```
interface TempSensor<dataType>
```

```
{
    command void ReadData();
    event void ReadDone(dataType pData,int nByteSize);
}
```

2. 通用接口声明和实现

提供或使用通用接口的模块在声明通用接口时要在大括号内提供确切的数据类型，而实现通用接口的命令和事件函数时，要相应使用声明时提供的类型。其语法格式如语法 2-20 所示。

【语法 2-20】 通用接口声明和实现

```
module  模块名
{
    //声明提供的通用接口
    provides interface  通用接口名 A<类型 1,类型 2,类型 n>;
    //声明使用的通用接口
    uses interface  通用接口名 B<类型 1,类型 2,类型 n>;

}
implementation
{
    //实现通用接口 A 的命令函数
    command   函数返回类型   通用接口名 A.命令函数(参数);
    …
    //实现通用接口 B 的事件函数
    event   函数返回类型   通用接口名 B.事件函数(参数);
    …
}
```

示例 2-11 是任务描述 2.D.2 修改之后的模块 TempSensorC 代码。

【示例 2-11】 TempSensorC.nc

```
module TempSensorC
{
    //声明要提供的通用接口
    provides interface TempSensor<char*>;
}
implementation
{
    char   sBuf[255];
```

```
        command void TempSensor.ReadData()
        {
            …
            signal TempSensor.ReadDone(sBuf,255);
        }
    }
```

示例 2-12 是任务描述 2.D.3 修改之后的 ReadTempSensorC 模块代码。

【示例 2-12】 ReadTempSensorC.nc

```
module ReadTempSensorC
{
     uses interface Boot;
     uses interface TempSensor<char*>;
     uses interface Leds;
}
implementation
{
  …
  event void TempSensor.ReadDone(char* pData,int nByteSize)
  {
      …
  }
  …
}
```

3. 通用接口连接

通用接口连接时必须保证提供者与使用者组件所声明的接口类型参数必须匹配，否则将出现编译错误。上例中的通用接口 TempSensor 的提供者 TempSensorC 与使用者 ReadTempSensorC 所声明的接口类型参数都是“<char*>”，因此直接使用连接符进行连接即可，示例代码如示例 2-13 所示。

【示例 2-13】 ReadTempSensorAppC.nc

```
configuration ReadTempSensorAppC
{
}
implementation
{
    components ReadTempSensorC, TempSensorC;
    …
    ReadTempSensorC.TempSensor -> TempSensorC.TempSensor;
    …
}
```

2.6.3 通用组件

通用组件是指可以多次实例化的组件。对于普通组件来说，当在某个配件内用关键字 components 声明后，它在程序内只有一份代码(对于模块来说)或组件关系组织(对于配件来说)，而对于通用组件来说，当被多次声明后，其将在程序内存在多份代码或组件关系组织。

1. 通用组件定义

通用组件定义时使用关键字 generic，并且通用组件有一个参数列表(可以为空)。通用组件分为通用模块和通用配件，其定义语法如语法 2-21 和 2-22 所示。

【语法 2-21】 通用模块定义

```
generic module  模块名(参数列表)
{
    //声明接口
}
implemention
{
    //模块实现
}
```

【语法 2-22】 通用组件定义

```
generic configuration  配件名(参数列表)
{
    //声明接口
}
implemention
{
    //配件实现
}
```

对于上述定义，参数列表有以下规则：

✧ 参数列表可以为空，但是组件名后面的括号不能省略。

✧ 组件实现中可以使用参数列表中的参数，也可以不使用。

参数列表的内容可以是：

✧ 使用关键字 typedef 声明的数据类型，例如“typedef queue_t”。

✧ 带有类型的数字常量，例如“uint16_t max_size”。

✧ 带有类型的字符串常量，例如“char* resourceName”或“char resourceName[]”。

示例 2-14 代码是 TinyOS 系统提供的通用模块 QueueC(用作先进先出计算的队列组件)的代码。

【示例 2-14】 QueueC.nc

```
generic module QueueC(typedef queue_t, uint8_t QUEUE_SIZE)
{
```

```
    provides interface Queue<queue_t>;
}
implementation
{
    queue_t ONE_NOK queue[QUEUE_SIZE];
    …

    command queue_t Queue.head()
    {
        return queue[head];
    }
    …
}
```

上述代码中，参数列表中有两个参数，queue_t 是用 typedef 声明的类型，并且在模块的实现代码中用作修饰 Queue.head( )函数的返回值；QUEUE_SIZE 是 uint8_t 型的常量，在模块的实现代码中用作数组的下标值。

TinyOS 系统中的通用配件 TimerMilliC 是程序经常要用到的定时器配件，可以被多次实例化，在程序中表示多个定时器。其代码如示例 2-15 所示。

【示例 2-15】 TimerMilliC.nc

```
generic configuration TimerMilliC()
{
    provides interface Timer<TMilli>;
}
implementation
{
    components TimerMilliP;
    Timer = TimerMilliP.TimerMilli[unique(UQ_TIMER_MILLI)];
}
```

从上述代码可以看出该配件的参数列表是空，且 TimerMilliC 配件提供了通用接口 Timer。

2. 通用组件实例化

通用组件在声明时被实例化，实例化需使用关键字 new，并传递实例参数(如果通用组件参数列表有参数)。语法如语法 2-23 所示。

【语法 2-23】 通用组件实例化

```
components new 组件名(实参) as 别名
```

上述语法中，如果不是多次实例化，“as 别名”可以省略。例如上述示例中的 QueueC 模块和 TimerMilliC 配件可以使用代码 2-1 实例化。

【代码 2-1】 通用组件实例化

```
components new QueueC(uint8_t,64)
components new TimerMilliC ( ) as Timer0;
components new TimerMilliC ( ) as Timer1;
```

2.6.4 编程实例

以下内容用以实现任务描述 2.D.4，编写一个 nesC 程序使用定时器接口实现 LED 闪烁。本程序设计为三个文件：

✧ 核心应用模块文件，命名为“TimerLedC.nc”。

✧ 顶层配置组件文件，命名为“TimerLedAppC.nc”。

✧ Makefile 文件：编译管理文件。

1. 建立应用程序目录

在 Cygwin 的“opt/mytinyos/apps/”目录下建立“TimerLed”目录。如图 2-2 所示。

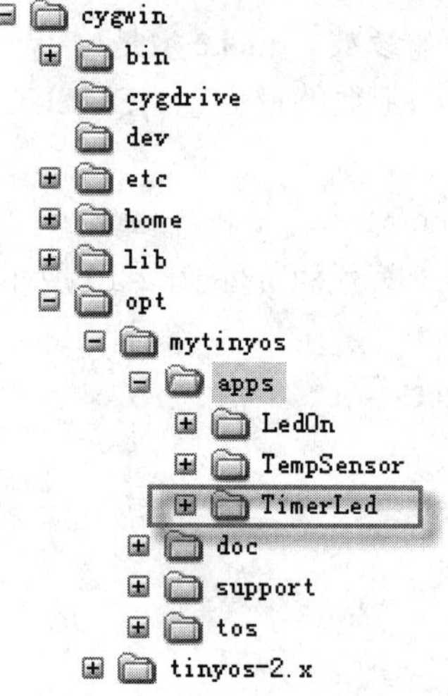

图 2-2 建立应用程序目录

以下三个文件使用 EditPlus 程序建立并保存在“TimerLed”目录内。

2. 编写核心应用模块文件

以下代码用于实现任务描述 2.D.4，使用定时器通用接口 Timer 声明两个定时器，用它们分别控制 LED0 和 LED1，具体代码如描述 2.D.4 TimerLedC.nc。

【描述 2.D.4】 TimerLedC.nc

```
module TimerLedC
{
    uses
    {
        interface Boot;
        interface Leds;
        //使用定时器通用接口声明两个定时器
        interface Timer<TMilli> as Timer0;
```

```
            interface Timer<TMilli> as Timer1;
        }
    }
    implementation
    {
        //任务函数内，内容是空
        task void DoStartTimer()
        {
        }
        //程序入口事件函数
        event void Boot.booted()
        {
            //启动两个定时器周期分别是 250 和 500 毫秒
            call Timer0.startPeriodic( 250 );
            call Timer1.startPeriodic( 500 );
            post DoStartTimer();
        }
        //定时器 0 事件，闪烁 LED0
        event void Timer0.fired()
        {
            call Leds.led0Toggle();
        }
        //定时器 1 事件，闪烁 LED1
            event void Timer1.fired()
        {
            call Leds.led1Toggle();
        }
    }
```

上述代码中，用到了通用定时器接口 Timer，该接口的参数 precision_tag 用于表示定时器的精度类型，本例中的 TMilli 是指毫秒。关于 Timer 接口的说明参见本章 2.8 节。

3. 编写顶层配置组件

通用组件 TimerMilliC 提供 Timer 接口，因此在顶层配置组件中将 TimerLedC 与 TimerMilliC 组件连接起来，代码如下。

【描述 2.D.4】 TimerLedAppC.nc

```
    configuration TimerLedAppC
    {
    }
    implementation
```

```
{
    components MainC, TimerLedC, LedsC;
    //实例化两个通用组件
    components new TimerMilliC() as Timer0;
    components new TimerMilliC() as Timer1;

    TimerLedC.Boot -> MainC.Boot;
    TimerLedC.Timer0 -> Timer0;
    TimerLedC.Timer1 -> Timer1;
    TimerLedC.Leds -> LedsC;
}
```

4. 编写 Makefile 文件

文件内容如描述 2.D.4 Makefile 所示：

【描述 2.D.4】 Makefile

```
COMPONENT=TimerLedAppC
include $(MAKERULES)
```

上述代码中，第一行将顶层配置组件的名字赋值给“COMPONENT”变量，第二行是固定写法(详细说明参见第 4 章)。

5. 编译并下载程序

用仿真器连接好设备后，打开 Cygwin，在命令行上，用“cd TimerLed”命令进入程序目录，而后运行“make cc2530 install”命令，执行结果如图 2-3 所示。

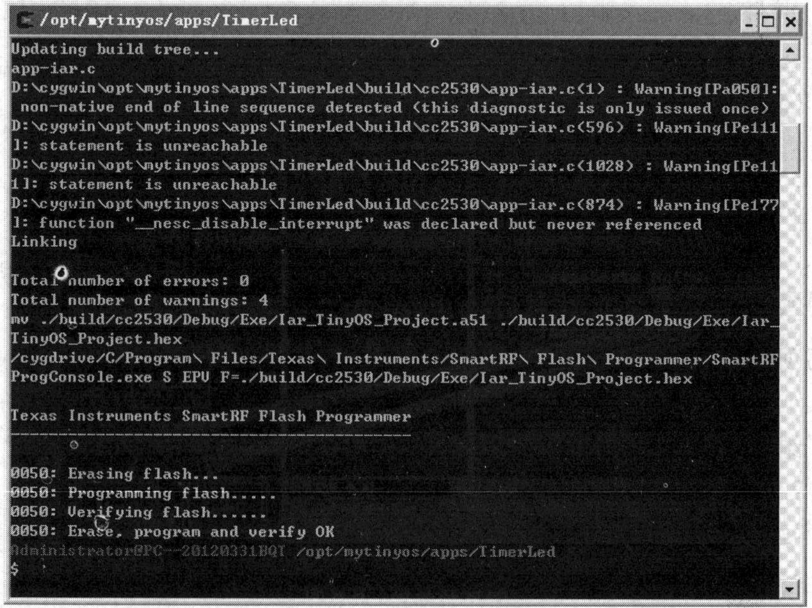

图 2-3 程序编译下载

观察执行结果，将看到 LED0 比 LED1 闪烁的快。

2.7　并发模型

nesC 程序采用由任务(Task)和硬件中断(Hardware Event Handler)构成的并发模型进行运行，该模型包含三个要点：

✧ 任务：是操作系统提供的一种简单的延期计算机制，本质上是一个可以被操作系统调度执行的函数。

✧ 中断：本质上是硬件中断服务函数，如定时器中断、射频中断等。

✧ 任务可以被中断处理程序打断。

其中，掌握任务和中断运行机制以及编程方法是理解和使用“并发模型”的关键。

2.7.1　任务

1. 任务概述

任务也称“任务函数”，是由关键字 task 修饰的无返回值的模块函数，该函数被 TinyOS 系统进行调度执行，类似于 Windows 程序的线程。

⚠ 注意：有的平台经过系统移植，应用程序没有任务函数，也可编译下载至设备内运行。由于本书配套的 mytinyos 平台使用的本地编译器 IAR 限制，在该平台上编写的 nesC 程序必须至少有一个任务。这也是前面的应用程序必须编写一个任务函数的原因。

2. 任务机制

任务机制关键点如下：

✧ 任务之间不能被抢占，任务一旦运行就必须完成(但可以被硬件中断打断)。

✧ 任务被提交给系统后，系统会在合适的时间运行它(这个时间很短)，而不是立即执行，表现出一种“后台处理行为”。

3. 任务函数

任务函数的语法如语法 2-24 所示。

【语法 2-24】　任务函数

```
task void 函数名()
{
    //任务代码
}
```

对于任务函数的编写要注意以下几点：

✧ 关键字 task 不可省略。

✧ 函数不能有返回值。

✧ 为了降低能耗等因素，有必要尽量减少任务代码的执行时间，必要的情况下可将大任务分割为小任务。

任务函数中的“任务代码”是由和任务相关的算法组成的，例如读传感器、采样处理等。任务被认为是所在组件内的一个较为耗时的操作，任务执行完毕最终要进行任务结果的输出，有两种途径：

✧ 调用某接口的命令函数。

✧ 调用接口的事件函数来实现事件通知，即触发事件。

命令函数调用和触发事件前面已经讲过，分别使用 call 语句和 signal 语句。

4. 任务提交

任务函数通过 post(关键字)语句提交给系统去调度执行，这个过程也叫任务发布，语法如语法 2-25 所示。

【语法 2-25】 任务提交

```
post 任务函数名( );
```

注意上述语句的分号不能省略。post 语句被执行后，立即返回，系统将在合适的时间稍后执行被提交的任务。

以下代码用于实现任务描述 2.D.5，编写一个 nesC 程序，执行一个耗时任务，当任务执行时 LED 亮，任务执行完毕 LED 灭。

【描述 2.D.5】 TaskLedAppC.nc、TaskLedC.nc、Makefile

```
/**
 * TaskLedAppC.nc
 */
configuration TaskLedAppC
{
}
implementation
{
  components MainC, TaskLedC, LedsC;

  TaskLedC.Boot -> MainC;
  TaskLedC.Leds -> LedsC;
}
/**
 * TaskLedC.nc
 */
module TaskLedC
{
   uses
   {
      interface Boot;
      interface Leds;
   }
```

```
}
implementation
{
    task void CalcTask()
    {
        uint32_t i;
        //开始执行任务，打开 LED0
         call Leds.led0On();

         //模拟耗时任务-数据累加
         for(i=0;i<300000;i++)
         {
                //执行空指令
                 asm("NOP");
         }

         //任务执行完毕-关闭 LED1
         call Leds.led0Off();

    }
    event void Boot.booted()
    {
        //提交耗时任务
         post CalcTask();

    }
}

#Makefile
COMPONENT=TaskLedAppC
include $(MAKERULES)
```

编译下载程序到开发板中，观察结果，将看到 LED0 亮大约 0.2 秒钟然后灭掉。

2.7.2　同步与异步

nesC 语言区分异步(async)和同步(sync)代码，其中：

✧　异步代码：指中断处理程序，以及它调用的命令函数和事件函数。异步函数用关键字 async 修饰。

✧　同步代码：异步代码以外的代码都是同步代码。同步函数用关键字 sync 修饰或默认不使用。

nesC 对异步和同步代码有如下规定：

✧ 在异步代码中不能包含任何同步函数。

✧ 在异步代码中执行同步函数的唯一方法是提交(post)一个任务。

✧ 任务的运行的是同步操作。

✧ 同步函数可以调用异步函数。

✧ 应用程序应尽量使用同步代码，因为异步代码会出现数据竞争的冲突。

本章前面例子操作代码都是同步的，不再举例。这里举例说明一下异步命令函数的写法。接口 Random 是系统提供的用于操作随机数的，其接口定义代码如代码 2-2 所示。

【代码 2-2】 Random.nc

```
/**
  * Random.nc
  */
interface Random
{
  //异步命令函数：产生一个 32 位的随机数
  async command uint32_t rand32();

  //异步命令函数：产生一个 16 位的随机数
  async command uint16_t rand16();
}
```

实现 Random 接口的组件是 RandomMlcgC 组件，它的部分代码如代码 2-3 所示。

【代码 2-3】 RandomMlcgC.nc

```
/**
  * RandomMlcgC.nc
  */
module RandomMlcgC @safe() {
  provides interface Init;
  provides interface ParameterInit<uint16_t> as SeedInit;
  provides interface Random;
}
implementation
{
    …
    async command uint32_t Random.rand32()
    {
      uint32_t mlcg,p,q;
      uint64_t tmpseed;
      atomic
      {
```

```
            tmpseed =   (uint64_t)33614U * (uint64_t)seed;
            q = tmpseed;          /* low */
        q = q >> 1;
        p = tmpseed >> 32 ;           /* hi */
        mlcg = p + q;
        if (mlcg & 0x80000000)
        {
           mlcg = mlcg & 0x7FFFFFFF;
           mlcg++;
        }
        seed = mlcg;
      }
      return mlcg;
    }


    async command uint16_t Random.rand16()
   {
        return (uint16_t)call Random.rand32();
    }
```

从以上代码可以看出，含有异步函数的接口在定义以及实现该接口的模块中，这些函数都要用关键字 async 修饰。

2.7.3　原子性代码

异步代码将带来一个问题：某段代码在执行过程可能被抢占，即被暂停运行，在系统执行完其他代码后，再回到被中断的位置继续往下运行。在实际应用中若需要保护某段代码不被抢占(如中断处理函数中的数据处理)，可以使用 atomic(关键字)代码块，即原子性代码，其语法如语法 2-26 所示。

【语法 2-26】　atomic 代码块

```
atomic
{
   //代码
}
```

例如，接口 Leds(该接口的详细说明见 2.8 节)的具体实现组件是 LedsP，在该组件中实现的 Leds. get( )命令函数可以返回各 LED 设置的位掩码，为了防止被抢占，其中用到了原子性代码，如代码 2-4。

【代码 2-4】　LedsP.nc

```
module LedsP @safe()
{
```

```
    provides
    {
      interface Init;
      interface Leds;
    }
    uses
    {
      …
    }
}
implementation
{
    …
    async command uint8_t Leds.get()
    {
      uint8_t rval;
      atomic
      {
        rval = 0;
        if (!call Led0.get())
        {
            rval |= LEDS_LED0;
        }
        if (!call Led1.get())
        {
            rval |= LEDS_LED1;
        }
        if (!call Led2.get())
        {
            rval |= LEDS_LED2;
        }
        if (!call Led3.get())
        {
            rval |= LEDS_LED3;
        }
      }
      return rval;
    }
}
```

2.7.4 中断

中断是实现异步操作的重要手段，nesC 语言可以使用中断函数实现中断，中断函数代码要在模块内实现，其常用语法格式如语法 2-27 所示。

【语法 2-27】　中断函数

```
CC2530_INTERRUPT(中断向量)
{
    atomic
    {
        //中断函数代码
    }
}
```

其中：

✧ CC2530_INTERRUPT 是在“cc2530hardware.h”文件中定义的用于中断函数的宏。

✧ 中断向量是当前 C 编译平台提供的中断向量宏，如本书使用的 IAR 提供的 CC2530.h 文件中定义的用于定时器的向量“T1_VECTOR”。

✧ atomic 原子性代码不是必须的，但建议使用原子代码以防止中断函数被抢断。

代码 2-5 是本书配套平台定时器中断代码，它位于 HplCC2530Timer1P 组件中。

【代码 2-5】　HplCC2530Timer1P.nc

```
module HplCC2530Timer1P
{
    …
}
implementation
{
    …
    CC2530_INTERRUPT(T1_VECTOR)
    {

        atomic
        {
            if ( (T1CCTL0 & _BV(CC2430_T1CCTLx_IM)) &&
                (T1STAT & CC2530_T1_CH0IF) )
              {

                T1CCTL0 &= ~_BV(CC2430_T1CCTLx_IM);
                signal Alarm.fired();
            }
```

```
                    if (T1STAT & CC2530_T1STAT_OVFIF)
                    {
                        signal Counter.overflow();
                    }
                }
            }
        }
```

2.8 常用接口和组件

与编写其他操作系统的应用程序一样，编写 TinyOS 程序也要用到系统提供的 API(编程接口)，TinyOS 提供的 API 即一系列常用的接口。作为 TinyOS 程序员需要了解这些接口，并且要了解提供这些接口的组件，以便在配置组件将自己的组件与它们建立连接。按照 nesC 的语法规则，要使用系统提供的组件一般要在程序中做以下工作：

- ✧ 在需要使用接口的组件内声明该接口。
- ✧ 在需要使用接口的组件内调用接口的命令函数，并实现该接口的事件函数。
- ✧ 在应用程序的配置组件内将使用接口的组件连接至接口的提供者。

本节讲解一般应用程序中经常用到的 boot(启动)、Timer(定时器)和 Leds(LED)接口的使用方法，以抛砖引玉，其他接口的说明请参考 2.8.4 节的“常用接口一览表”。

2.8.1 系统启动接口 Boot

1. 接口简介

Boot 接口用于通知应用程序 TinyOS 已经启动完毕(所有的必要组件已经初始化完成)。Boot 接口定义在“tos/interfaces/Boot.nc”文件中，该接口只有一个 booted 事件，代码如代码 2-6 所示。

【代码 2-6】 Boot.nc

```
interface Boot
{
  event void booted();
}
```

2. 接口提供者

Boot 接口由 MainC 组件提供，组件定义在“tos/system/MainC.nc”中，代码如代码 2-7 所示。

【代码 2-7】 MainC.nc

```
configuration MainC
{
  provides interface Boot;
  uses interface Init as SoftwareInit;
```

```
}
implementation
{
   components PlatformC, RealMainP, TinySchedulerC;
   …
   Boot = RealMainP;
}
```

从上述代码可以看出，Boot 接口的真正实现者是 RealMainP 组件。

3. 用法简介

每个 TinyOS 应用程序都需要在核心应用模块中使用 Boot 接口(即前述的入口事件函数)，且要完成以下工作：

✧ 实现“event void Boot.booted( )”事件函数作为程序入口。

✧ 在顶层配置组件中实例化 MainC 组件，并将核心应用模块连接至 MainC 组件。

示例代码如示例 2-16 所示。

【示例 2-16】 Boot 接口的使用

```
//核心应用模块文件：TestC.nc
module TestC
{
   uses interface Boot;
   …
}
implementation
{
    …
    event void Boot.booted()
    {
         …
    }
}
//顶层配置组件文件：TestAppC.nc
configuration TestAppC
{
}
implementation
{
   components MainC, TestC;
   …
   MainC.Boot <- TestC.Boot;
```

```
    …
}
```

2.8.2 LED 接口 Leds

1. 接口简介

接口 Leds 用于控制设备的 LED，该接口使用比较频繁，既可以用于设备的输出提示，又可以在程序开发过程中用于代码调试。该接口定义在“tos/interfaces/Leds.nc”文件中，本书配套的平台 mytinyos 新增了 LED3，移植后的接口在“tos/platforms/cc2530/Leds.nc”文件中，代码如代码 2-8 所示(相关功能请参考代码中的注释)。

【代码 2-8】 LedsC.nc

```
#include "Leds.h"

interface Leds
{
    //打开 LED0
    async command void led0On();
    //关闭 LED0
    async command void led0Off();
    //切换 LED0 状态(原来是关则打开，原来是开则关)
    async command void led0Toggle();
    // LED1 控制
    async command void led1On();
    async command void led1Off();
    async command void led1Toggle();
    //LED2 控制
    async command void led2On();
    async command void led2Off();
    async command void led2Toggle();
    //LED3 控制
    async command void led3On();
    async command void led3Off();
    async command void led3Toggle();
    //获得 LED 设置的掩码
    async command uint8_t get();
    //用掩码设置 LED
    async command void set(uint8_t val);
}
```

从以上代码可以看出，Leds 接口中的命令函数都是异步的。

⚠ 注意：代码中的 led0～led3 分别对应配套开发板上的 LED1～LED4。

2. 接口提供者

Leds 接口由 LedsC 组件提供，组件定义在“tos/platforms/cc2530/LedsC.nc”文件中，代码如代码 2-9 所示。

【代码 2-9】 LedsC.nc

```
configuration LedsC
{
  provides interface Leds;
}
implementation
{
  components LedsP, PlatformLedsC;
  Leds = LedsP;
  LedsP.Init <- PlatformLedsC.Init;
  LedsP.Led0 -> PlatformLedsC.Led0;
  LedsP.Led1 -> PlatformLedsC.Led1;
  LedsP.Led2 -> PlatformLedsC.Led2;
  LedsP.Led3 -> PlatformLedsC.Led3;
}
```

从以上代码可以看出 Leds 接口的真正实现者是 LedsP 组件。

3. 用法简介

当组件要使用 Leds 接口时，需要做以下工作：

- ✧ 在组件内声明 Leds 接口。
- ✧ 在组件中调用 Leds 接口的相关命令函数控制 LED。
- ✧ 在程序的配置组件内将使用 Leds 接口的组件连接至接口的提供者 LedsC。

示例代码请参考任务描述 2.D.4。

2.8.3 定时器接口 Timer

1. 接口简介

定时器接口是一个通用接口，可以多次实例化，为程序提供定时作用。该接口定义在“tos/lib/timer/Timer.nc”文件中，代码如代码 2-10 所示(命令和事件函数的作用参见注释)。

【代码 2-10】 Timer.nc

```
#include "Timer.h"

interface Timer<precision_tag>
{
  //设置定时器的时间周期为 dt，并启动定时器
  command void startPeriodic(uint32_t dt);
```

```
    //启动一次定时器，dt 是超时时间
    command void startOneShot(uint32_t dt);

    //停止定时器
    command void stop();

    //定时器超时事件通知
    event void fired();

    //检查定时器是否正在运行
    command bool isRunning();

    //检查是否是一次定时器
    command bool isOneShot();

    //启动定时器，并设置定时器的时间周期为 dt，t0 是基准时间
    command void startPeriodicAt(uint32_t t0, uint32_t dt);

    //启动一次定时器，并设置定时器的时间周期为 dt，t0 是基准时间
    command void startOneShotAt(uint32_t t0, uint32_t dt);

    //获得当前的时间
    command uint32_t getNow();

    //返回设定的基准时间
    command uint32_t gett0();

    //获得设定的周期时间
    command uint32_t getdt();
}
```

其中，通用接口 Timer 的参数 precision_tag 是定时器的精度，系统提供了三个类型：

✧ TMilli：时间单位是毫秒。

✧ T32khz：时间单位是 32 kHz。

✧ TMicro：时间单位是微秒。

例如，当使用 TMilli 类型实例化接口后，若调用 Timer .startPeriodic(1000)函数启动定时器后，定时器每隔 1000 毫秒后超时一次；若调用 Timer .startPeriodicAt(1000,2000)函数后，则在 1000 毫秒后启动定时器，每隔 2000 毫秒超时一次。

2. 接口提供者

当前系统只提供了毫秒级的定时器，即通用接口 Timer 由通用组件 TimerMilliC 提供毫秒级定时，组件定义在“tos/system/TimerMilliC.nc”文件中，代码如代码 2-11 所示。

【代码 2-11】　TimerMilliC.nc

```
#include "Timer.h"

generic configuration TimerMilliC()
{
  provides interface Timer<TMilli>;
}
implementation
{
  components TimerMilliP;
  Timer = TimerMilliP.TimerMilli[unique(UQ_TIMER_MILLI)];
}
```

从上述代码可以看出，Timer 接口的真正实现者是 TimerMilliP 组件。

3. 用法简介

当组件要使用定时器接口时，需要完成以下工作：

✧　在组件中提供参数类型并声明接口，当前系统平台使用精度 TMilli。

✧　在组件中调用接口的命令函数启动定时器，其中：

- startPeriodic( )：设定定时器周期，并启动定时器按照设定的周期进行超时。
- startPeriodicAt( )：设定并启动定时器在某个基准时间后按照设定的周期进行超时。
- startOneShot( )：设定并启动定时器在设定的时间后超时一次。
- startOneShotAt( )：设定并启动定时器在设定的基准时间后，按照设定的周期超时一次。

✧　在组件内实现定时器的“event void Timer.fired( )”时间函数，以响应定时器的超时操作。

✧　在程序的配置组件内将使用定时器的组件连接至 TimerMilliC 组件。

示例代码如示例 2-17 所示。

【示例 2-17】　定时器的使用

```
//使用定时器的接口 TestTimerC.nc 文件
module TestTimerC
{
    uses interface Timer<TMilli> as Timer0;
    //uses interface Timer<TMilli> as Timer1;
}
implementation
{
  …
  event void Timer0.fired()
  {
```

```
            …
        }
        …
    }
    //配置定时器接口的 TestTimerAppC.nc 文件
    configuration TestTimerAppC
    {
    }
    implementation
    {
        components TestTimerC;
        components new TimerMilliC() as Timer0;

        …
        TimerLedC.Timer0 -> Timer0;
        …
    }
```

2.8.4 其他常用接口

TinyOS 提供的其他应用程序接口说明如表 2-3 所示。

表 2-3 常用接口一览表

类别	接口名	说明	接口文件	接口提供者
数据结构	BitVector	提供位向量操作	tos/interfaces/BitVector.nc	tos/system/BitVectorC.nc
	Queue	提供队列操作	tos/interfaces/Queue.nc	tos/system/QueueC.nc
	BigQueue	提供大队列操作	tos/interfaces/BigQueue.nc	tos/system/BigQueueC.nc
	Pool	提供内存池操作	tos/interfaces/Pool.nc	tos/system/PoolC.nc
	State	提供状态机操作	tos/interfaces/State.nc	tos/system/StateC.nc
工具类	Random	随机数产生器	tos/interfaces/Random.nc	tos/system/RandomC.nc
	Crc	CRC 校验器	tos/interfaces/Crc.nc	tos/system/CrcC.nc
通讯类	AMPacket	提供 AM 数据包操作	tos/interfaces/AMPacket.nc	tos/system/AMRecieveC.nc tos/system/AMSenderC.nc tos/system/AMSnooperC.nc
	AMSend	提供 AM 数据发送操作	tos/interfaces/AMSend.nc	tos/system/AMSenderC.nc
	Recieve	AM 数据接收	tos/interfaces/Recieve.nc	tos/system/AMRecieveC.nc tos/system/AMSnooperC.nc

另外，还有关于网络协议的组件和接口，详细内容请参见第 5 章。

2.9　可视化组件关系图

1. nesdoc 文档

TinyOS 提供的可视化组件关系图也叫 nesdoc 文档，具有以下作用：

✧　分析程序中组件之间的调用关系。

✧　定位程序中的其他逻辑错误，如使用了不该使用的组件或接口(一般指编译路径错误引起的)。

例如，在 cygwin 命令行上运行如图 2-4 所示命令，可产生前述 2.D.5 中的 nesdoc 文档，如图 2-5 所示。

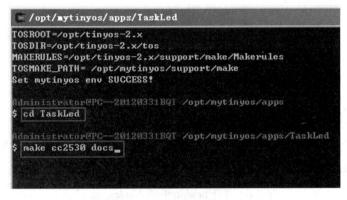

```
/opt/mytinyos/apps/TaskLed
TOSROOT=/opt/tinyos-2.x
TOSDIR=/opt/tinyos-2.x/tos
MAKERULES=/opt/tinyos-2.x/support/make/Makerules
TOSMAKE_PATH= /opt/mytinyos/support/make
Set mytinyos env SUCCESS!

Administrator@PC--20120331BQT /opt/mytinyos/apps
$ cd TaskLed

Administrator@PC--20120331BQT /opt/mytinyos/apps/TaskLed
$ make cc2530 docs_
```

图 2-4　make cc2530 docs

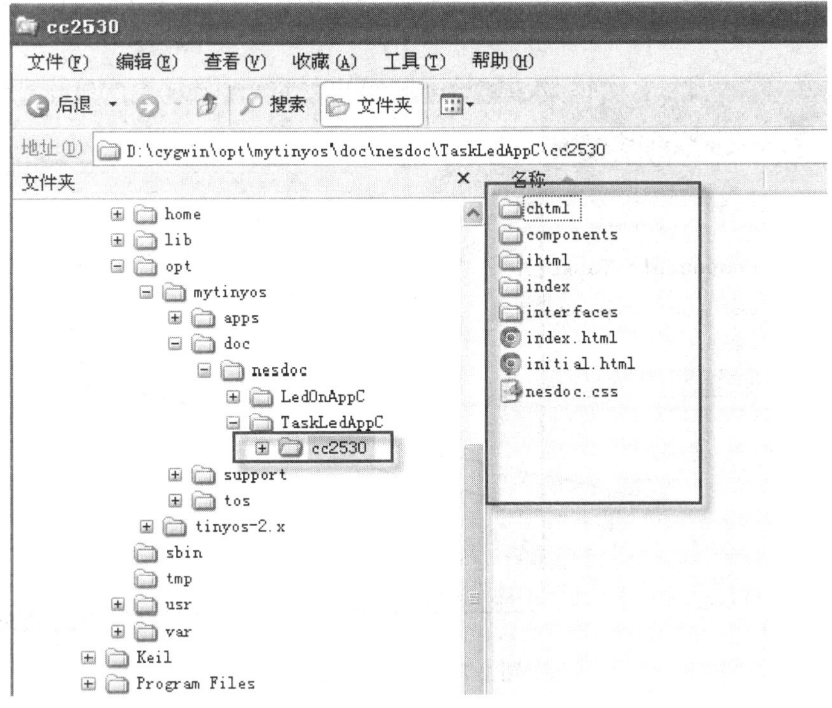

图 2-5　nesdoc 文档

2. 组件关系图说明

用浏览器打开图 2-5 中的“index.html”文件，可看到如图 2-6 所示的视图。

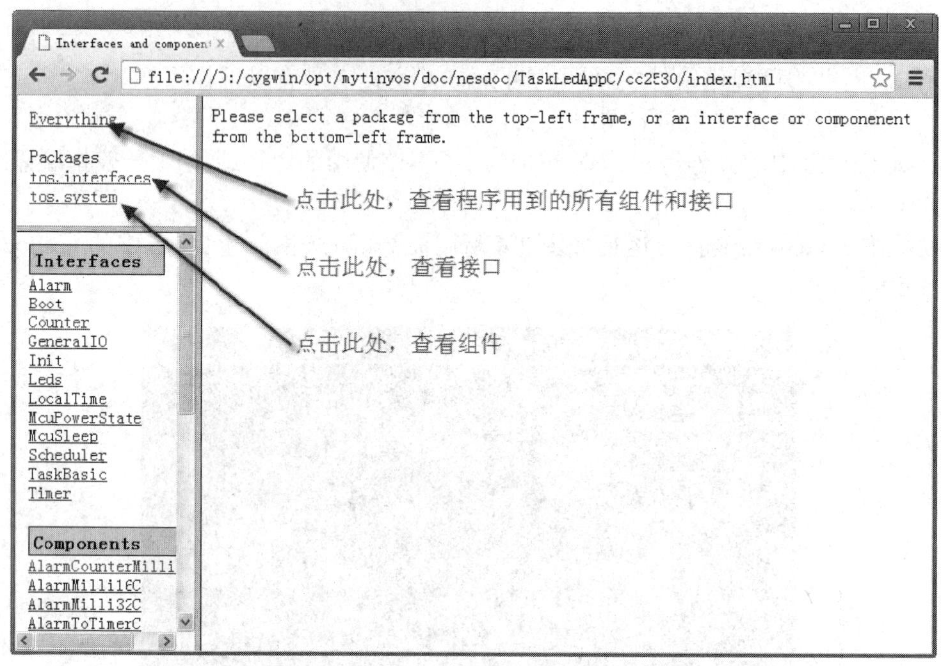

图 2-6 打开 nesdoc 中的“index.html”

点击图 2-6 左边的“Components”下方的“TaskLedAppC”组件，即可看到该顶层配件所涉及到的组件连接关系图，如图 2-7 所示(请注意图中标出的关系图与代码的关系)。

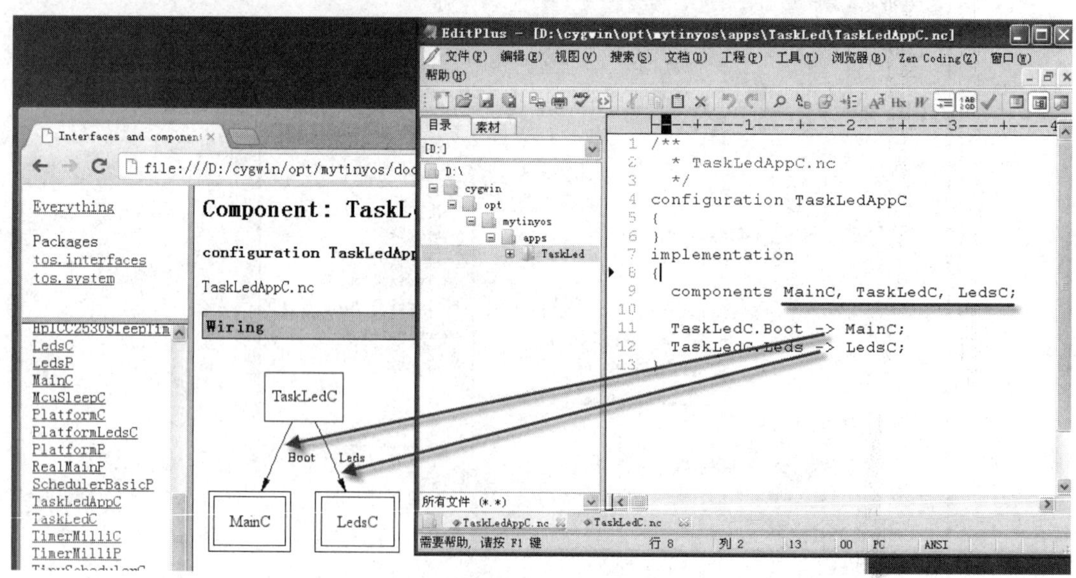

图 2-7 组件关系图

点击图 2-7 中的“MainC”双层矩形框，可进一步跟踪该组件的关系图，如图 2-8 所示。

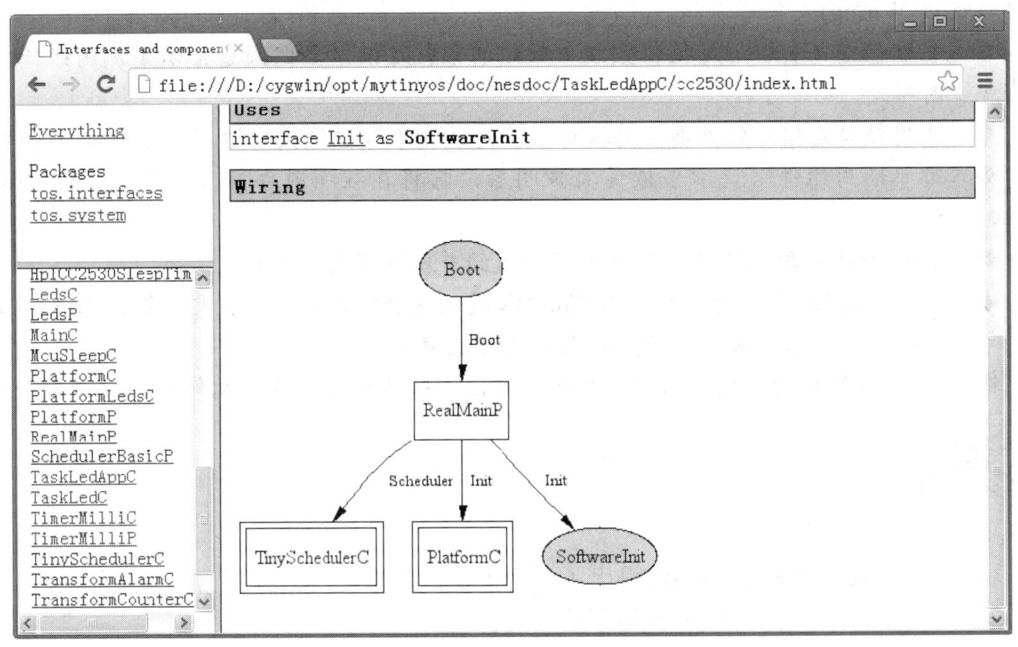

图 2-8　跟踪组件关系图

对于组件关系图有以下说明：

✧　单一矩形框表示模块。

✧　双层矩形框表示配件。

✧　虚线单层矩形框表示通用模块。

✧　虚线双层矩形框表示通用配件。

✧　带有箭头的线条表示接口的连接：从接口的使用者指向接口的提供者，连线上的文字代表连接的接口。

✧　椭圆表示接口。

小　结

通过本章的学习，应该能够了解到：

◆　nesC 来源于 C，是 C 语言的一种变种，对于 C 程序员来说要了解组件、接口和并发执行模型的概念。

◆　nesC 编程思想就是事件驱动、组件式编程。

◆　一个完整的 nesC 程序是由多个组件组成的，组件是 nesC 程序的可运行模块，它们通过接口交互使用形成有意义的 nesC 程序。

◆　接口是一个被声明的有意义函数的集合，类似于 C 语言中的头文件或 C++的类定义。

◆　分阶段操作解决某些耗时操作的等待问题，其接口是双向的，包括向下的命令函数，向上的事件函数。

◆　组件分为模块和配件，模块是 nesC 程序的逻辑功能实体，配件用于确定组件之间的接口连接(Wiring)关系。

◆ 参数化接口实质上是接口数组，数组的索引是接口参数，它标示了调用组件，并且在编译时确定。

◆ 通用接口是指有数据类型的接口，其意义在于可以使接口适用于多种数据类型。

◆ 对于通用组件来说，当被多次声明后，它将在程序内存在多份代码或组件关系组织。

◆ nesC 程序采用由任务和硬件中断构成的并发模型进行运行。

◆ 作为 TinyOS 程序员需要了解 TinyOS 提供的 API 接口，并且要了解提供这些接口的组件，以便在配置组件将自己的组件与它们建立连接。

◆ TinyOS 提供的可视化组件关系图，可以方便地分析程序中组件之间的调用关系。

练 习

1．对于 C 程序员来说，nesC 提出了三个“新概念”：______、______和______。

2．关于 nesC 程序文件组成叙述正确的是______。

A．只能是 nc 文件

B．不可以包含 C 语言头文件

C．可以不使用 Makefile 文件

D．程序中的 nc 文件可分为组件文件和接口文件

3．nesC 程序的入口函数是________。

4．下列关于 nesC 语言叙述错误的是______。

A．接口是一个被声明的有意义函数的集合

B．参数化接口实质上是接口数组

C．通用接口是指有数据类型的接口，其意义在于可以使接口多次实例化

D．通用组件多次声明后，它将在程序内存在多份代码或组件关系组织

5．简述 nesC 与 C 语言的区别，并用例子说明其编程思想。

6．编写一个 nesC 程序，用 LED 实现流水灯显示。

7．简述并发模型的概念。

第 3 章　TinyOS 体系结构

本章目标

- ◆ 掌握 TinyOS 体系结构的各部分组成
- ◆ 掌握硬件抽象组件的作用
- ◆ 掌握硬件抽象组件的架构
- ◆ 掌握硬件表示层、适配层、接口层的作用
- ◆ 掌握综合硬件组件的组成
- ◆ 熟悉 TinyOS 任务的调度
- ◆ 理解跨平台的应用

学习导航

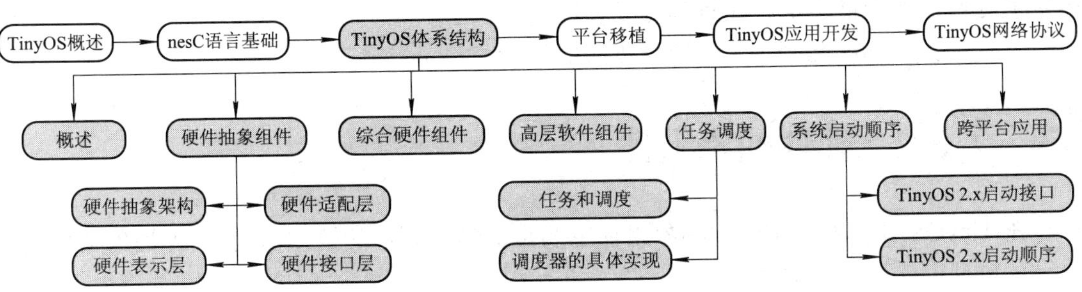

3.1　概述

TinyOS 操作系统采用组件式结构，是一个基于事件的系统。系统本身提供了一系列的组件供用户调用，其体系结构如图 3-1 所示。

TinyOS 体系结构由下到上将一系列组件分为以下 4 大类：

- ✧ 硬件抽象组件：将物理硬件映射到 TinyOS 的组件模型。
- ✧ 综合硬件组件：模拟高级的硬件行为，如感知组件、执行组件和通信组件。
- ✧ 高层软件组件：包含应用组件，其主要功能是向底层组件发出命令，底层组件向

高层组件报告事件。

✧ 任务调度组件：即主组件，负责对整个 TinyOS 进行任务的调度，它包括一个任务调度器。

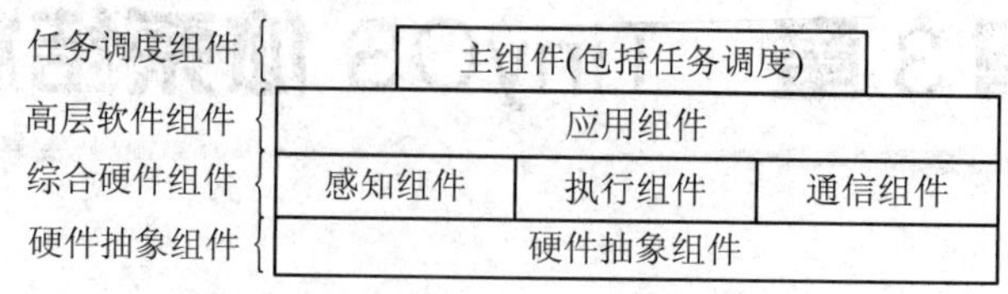

图 3-1 TinyOS 体系结构

任务调度器具有两层结构，第一层维护着命令和事件，主要是在硬件中断发生时对组件的状态进行处理；第二层维护着任务，负责各种计算，只有当组件状态维护工作完成后，任务才能被调度。

TinyOS 调度模型主要有以下几个特点：

✧ 任务单线程运行，且运行结束后，只分配单个任务栈，这对内存受限的系统很有利。

✧ 没有进程管理概念，对任务按简单的 FIFO 队列进行调度。

✧ FIFO 的任务调度策略具有能耗敏感性，当任务队列为空时，处理器进入休眠，随后由外部中断事件唤醒 CPU 进行任务调度。

✧ 两级的调度结构，可以实现优先执行少量同事件相关的处理，同时打断长事件运行的任务。

✧ 基于事件的调度策略，只需要少量空间就可获得并发性，与事件相关的任务可以很快被处理，不允许阻塞，具有高度并发性。

✧ 任务之间相互平等，没有优先级的概念。

3.2 硬件抽象组件

在 TinyOS 体系架构中硬件抽象组件主要负责物理硬件的控制，采用硬件抽象架构的组件设计模型主要有以下优点：

✧ 提高代码的可重用性和可移植性。

✧ 实现效率和性能的优化。

本节将介绍硬件抽象架构及其分层结构。

3.2.1 硬件抽象架构

TinyOS 2.x 提出了一个具有 3 层结构的硬件抽象架构，并结合其组件特点形成一个高效的组织结构，如图 3-2 所示。

硬件抽象架构的 3 层分别是硬件表示层、硬件适配层和硬件接口层。3 层的作用描述如下：

✧ 硬件表示层与硬件的寄存器和中断密切相关，不同芯片的硬件平台的硬件表示层是不同的，这一层与平台的移植息息相关。

✧ 硬件适配层带有丰富的硬件相关的接口，有助于提高效率；不同平台的硬件适配层有可能不同。

✧ 硬件接口层提供与平台无关的接口，便于代码的移植。这一层与平台无关，上层可以调用这一层的接口实现对下层的控制。

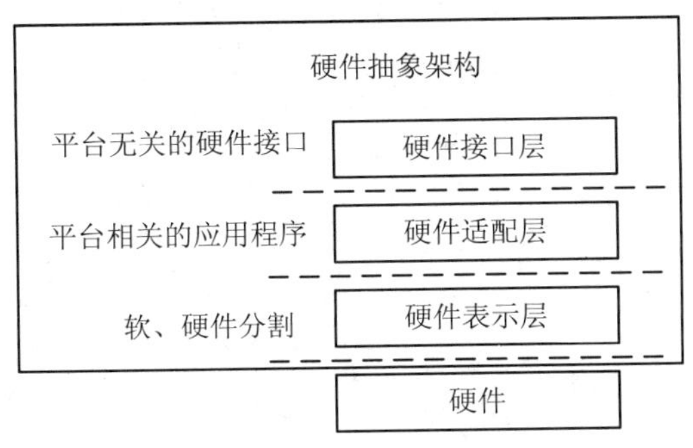

图 3-2　硬件抽象架构

3.2.2　硬件表示层

硬件表示层(Hardware Presentation Layer，以下简称 HPL)由一系列组件组成，该层组件直接位于硬件与软件的接口之间。该层组件访问硬件的一般方法是通过内存或 I/O 映射，并且硬件可以通过中断信号来请求服务。

HPL 组件提供的接口完全由平台的硬件模块本身功能决定。因此 HPL 组件和硬件的紧密联系会降低组件设计和实现的自由度。尽管每个 HPL 组件和底层硬件都是独一无二的，但这些组件都有类似的大体结构。为了能够和硬件抽象架构的其余部分更加完美地结合起来，每个 HPL 组件都应该具备以下几个功能：

✧ 为了实现更有效的电源管理，必须有硬件模块的初始化、开始和停止命令。

✧ 为控制硬件操作的寄存器提供“get”和“set”命令。

✧ 为常用的标识位设定和测试操作提供单独的命令。

✧ 开启和禁用中断的命令。

✧ 硬件中断的服务程序，HPL 组件的中断服务程序只负责临界操作，如复制一个变量、清空一些标识等行为。

以 mytinyos 平台为例，此平台的 HPL 组件大都存在于与 CC2530 芯片相关的文件中。如图 3-3 所示，硬件表示层组件存在于“tos/chips/cc2530/”目录中。

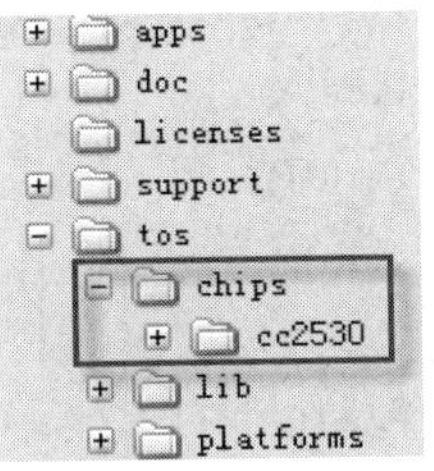

图 3-3　芯片目录

以“tos/chips/cc2530/”目录下的 HplCC2530GeneralIOC.nc 文件为例，HplCC2530 GeneralIOC.nc 文件是针对 CC2530 的 I/O 的实现，打开此文件如图 3-4 所示。

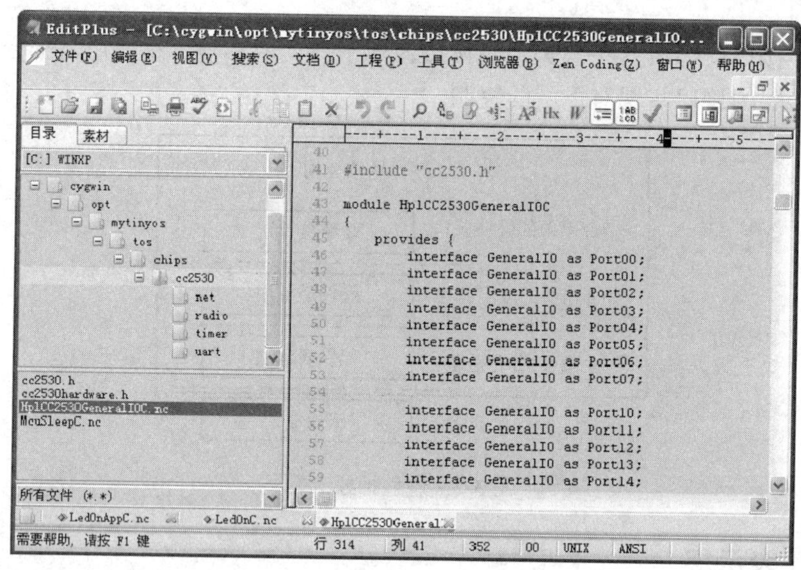

图 3-4 HplCC2530GeneralIOC.nc 文件

其代码如下：

【代码 3-1】 HplCC2530GeneralIOC. nc

```
#include "cc2530.h"

module HplCC2530GeneralIOC
{
    provides
    {
        /*P0 有关的接口*/
        interface GeneralIO as Port00;
        interface GeneralIO as Port01;
        interface GeneralIO as Port02;
        interface GeneralIO as Port03;
        interface GeneralIO as Port04;
        interface GeneralIO as Port05;
        interface GeneralIO as Port06;
        interface GeneralIO as Port07;

        /*P1 有关的接口*/
        interface GeneralIO as Port10;
        interface GeneralIO as Port11;
```

```
            interface GeneralIO as Port12;
            interface GeneralIO as Port13;
            interface GeneralIO as Port14;
            interface GeneralIO as Port15;
            interface GeneralIO as Port16;
            interface GeneralIO as Port17;

            /*P2 有关的接口*/
            interface GeneralIO as Port20;
            interface GeneralIO as Port21;
            interface GeneralIO as Port22;
            interface GeneralIO as Port23;
            interface GeneralIO as Port24;
        }
}

implementation
{
        /* P0_0 寄存器的操作 */
        async command bool Port00.get()            { return P0_0; }
        async command void Port00.set()            { P0_0 = 1; }
        async command void Port00.clr()            { P0_0 = 0; }
        async command void Port00.toggle()         { P0_0 ^= 1; }
        async command void Port00.makeInput()      { P0SEL &= ~_BV(0); P0DIR &= ~_BV(0);}
        async command bool Port00.isInput()        { return ~(P0DIR&_BV(0)); }
        async command void Port00.makeOutput()     { P0SEL &= ~_BV(0); P0DIR |= _BV(0);   }
        async command bool Port00.isOutput()       { return P0DIR&_BV(0); }

        /* P0_1 寄存器的操作 */
        async command bool Port01.get()            { return P0_1; }
        async command void Port01.set()            { P0_1 = 1; }
        async command void Port01.clr()            { P0_1 = 0; }
        async command void Port01.toggle()         { P0_1 ^= 1; }
        async command void Port01.makeInput()      { P0SEL &= ~_BV(1); P0DIR &= ~_BV(1);}
        async command bool Port01.isInput()        { return ~(P0DIR&_BV(1)); }
        async command void Port01.makeOutput()     { P0SEL &= ~_BV(1); P0DIR |= _BV(1);   }
async command bool Port01.isOutput()       { return P0DIR&_BV(1); }
…
…
```

```
...
    /* P2_4 寄存器的操作 */
    async command bool Port24.get()           { return P2_4; }
    async command void Port24.set()           { P2_4 = 1; }
    async command void Port24.clr()           { P2_4 = 0; }
    async command void Port24.toggle()        { P2_4 ^= 1; }
    async command void Port24.makeInput()     { P2SEL &= ~_BV(4); P2DIR &= ~_BV(4);}
    async command bool Port24.isInput()       { return ~(P2DIR&_BV(4)); }
    async command void Port24.makeOutput()    { P2SEL &= ~_BV(4); P2DIR |= _BV(4);}
    async command bool Port24.isOutput()      { return P2DIR&_BV(4); }
}
```

此文件使用“get”和“set”命令直接操作寄存器，为上层提供软硬件的接口。HPL 组件简化了对硬件的操作，无须使用隐藏的宏和寄存器(其定义位于编译库的头文件中)，用户可以通过常见的接口访问硬件。硬件表示层的接口组件一般具有以下两个特点：

✧ 除了自动操作常用的命令外，HPL 层没有提供任何实质性的硬件抽象。它隐藏了最依赖于同一类别的不同 HPL 硬件模块。比如，在同一硬件平台中不同的微控制器，虽然它们具有相同的功能，但其使用的寄存器名称和中断向量却稍有不同。通过一致的接口，HPL 组件可以将这些细小的差别隐藏，从而增强更高层抽象资源的独立型。

✧ 用户只需简单地重新绑定 HPL 组件，而不必重新编写代码就可以在不同的 USART 模块之间进行切换。

3.2.3 硬件适配层

硬件适配层(Hardware Adaptation Layer，以下简称 HAL)由一系列组件组成，该层是硬件抽象架构的核心部分，它使用由 HPL 层提供的原始接口，建立起合适的硬件抽象，以降低与硬件资源使用相关的复杂性。硬件适配层组件有以下特点：

✧ 硬件抽象架构允许 HAL 组件持有可用于资源仲裁和控制的状态变量。

✧ 由于无线传感器网络对执行效率要求较高，HAL 层的硬件抽象必须适合于具体的设备类型和平台特征。

✧ HAL 接口并不隐藏通用模型的特殊硬件功能，而是提供特定的功能和最好的抽象来简化应用程序的开发，同时保证资源的利用效率，例如通常使用特定领域的硬件抽象模型，如 Alarm、ADC 或 EEPROM 等，而不是对所有设备都使用单一的统一的硬件抽象模型。

✧ 这些特定的模型为了实现对硬件抽象的访问，HAL 组件应当使用丰富的、定制的接口，而不是通过重载命令隐藏所有功能的标准接口。这样的设计方式使得编译时对接口错误的检查效率更高。

以 mytinyos 平台为例，在“mytinyos\tos\platforms\cc2530\”目录下的 PlatformLedsC.nc 文件为此平台下的 HAL 组件之一，如图 3-5 所示。

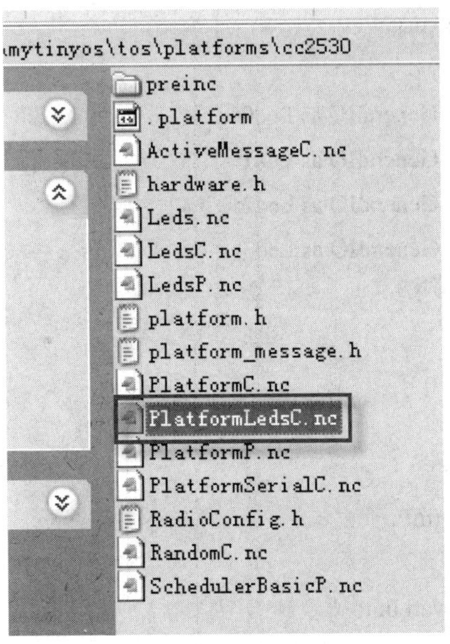

图 3-5　MyTinyOS 的 HAL 组件

打开 PlatformLedsC 文件，如图 3-6 所示。

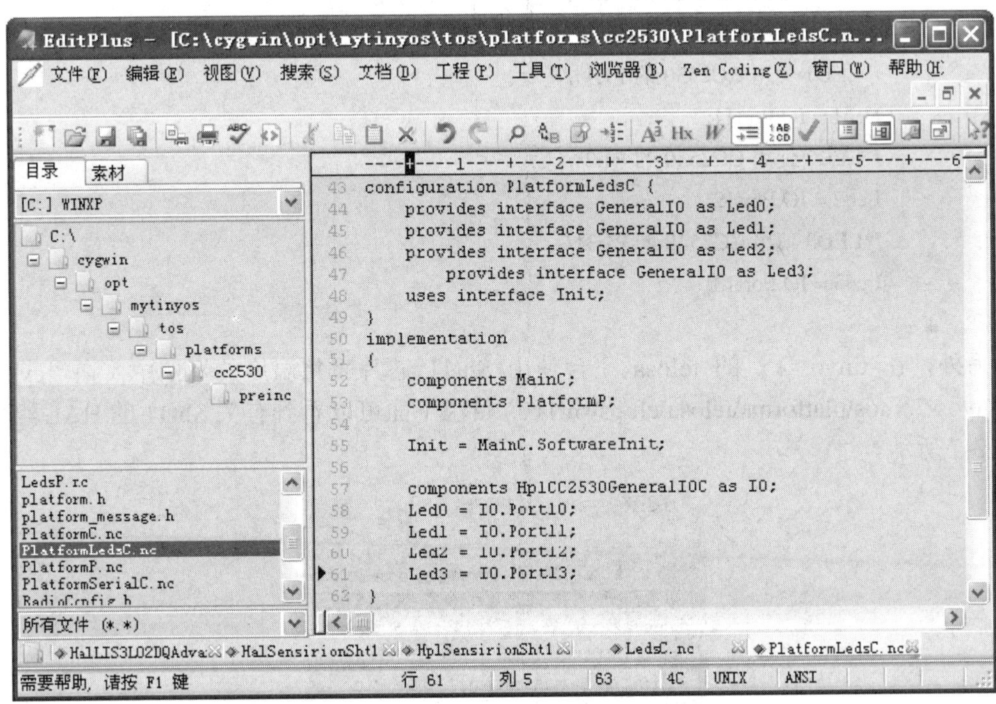

图 3-6　PlatformLedsC.nc

其代码如代码 3-2 所示。

【代码 3-2】　PlatformLedsC.nc

```
#include "hardware.h"
```

```
configuration PlatformLedsC
{
    provides interface GeneralIO as Led0;
    provides interface GeneralIO as Led1;
    provides interface GeneralIO as Led2;
    provides interface GeneralIO as Led3;
    uses interface Init;
}
implementation
{
    components MainC;
    components PlatformP;

    Init = MainC.SoftwareInit;

    components HplCC2530GeneralIOC as IO;
    /*LED0 使用 CC2530 的 P1.0*/
    Led0 = IO.Port10;
    /*LED1 使用 CC2530 的 P1.1*/
    Led1 = IO.Port11;
    /*LED2 使用 CC2530 的 P1.2*/
    Led2 = IO.Port12;
    /*LED3 使用 CC2530 的 P1.3*/
    Led3 = IO.Port13;
}
```

另外，在 tinyos-2.x 的 telosa 平台使用 Sht11 芯片采集温度的示例中，在“cygwin\opt\tinyos-2.x\tos\platforms\telosa\chips\sht11\”目录下面可以看到有关 Sht11 的 HAL 组件，如图 3-7 所示。

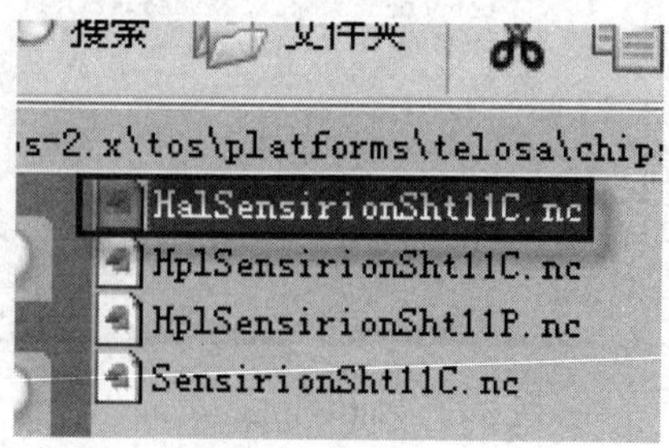

图 3-7 telosa 平台的 HAL 组件

打开 HalSensirionSht11C.nc 文件，如图 3-8 所示。

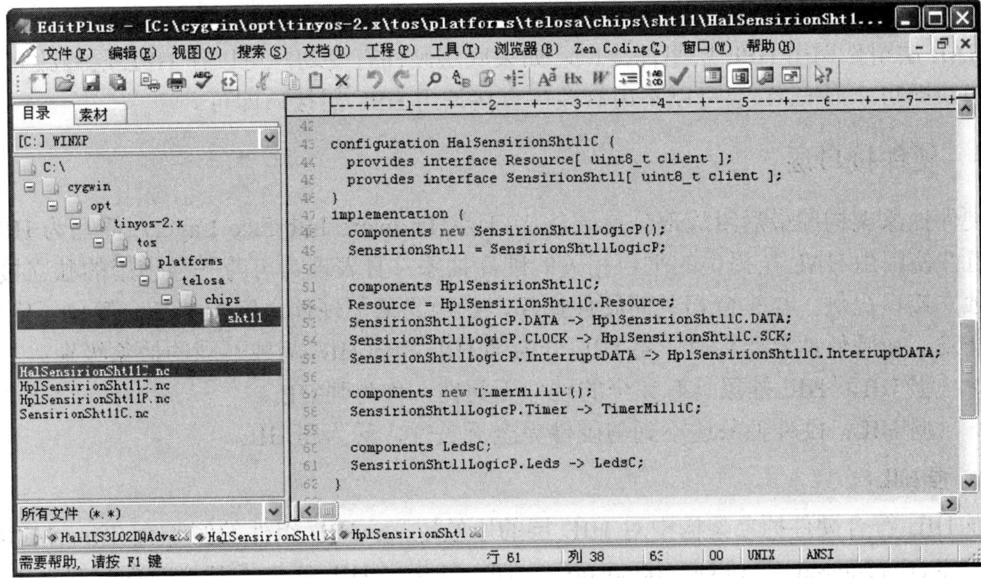

图 3-8　HalSensirionSht11C.nc 文件

其代码如代码 3-3 所示。

【代码 3-3】　HalSensirionSht11C.nc

```
configuration HalSensirionSht11C
{
        provides interface Resource[ uint8_t client ];
        provides interface SensirionSht11[ uint8_t client ];
}
implementation
{
        components new SensirionSht11LogicP();
        SensirionSht11 = SensirionSht11LogicP;

        components HplSensirionSht11C;
        Resource = HplSensirionSht11C.Resource;
        SensirionSht11LogicP.DATA -> HplSensirionSht11C.DATA;
        SensirionSht11LogicP.CLOCK -> HplSensirionSht11C.SCK;
        SensirionSht11LogicP.InterruptDATA -> HplSensirionSht11C.InterruptDATA;


        components new TimerMilliC();
        SensirionSht11LogicP.Timer -> TimerMilliC;


        components LedsC;
        SensirionSht11LogicP.Leds -> LedsC;
```

```
}
```

HAL 层组件调用 HPL 层组件接口，如果底层硬件有变动，可以在 HPL 层修改有关的硬件模块即可，而 HAL 层可以不用修改，直接调用 HPL 层接口即可。

3.2.4 硬件接口层

硬件抽象架构的最后组成部分是硬件接口层(Hardware Interface Layer，简写为 HIL)。HIL 组件使用由 HAL 层提供的平台相关的硬件抽象，且表现为可跨平台使用的独立接口。这些独立接口提供了与平台相关的硬件抽象，从而隐藏了硬件之间的差异，简化了应用软件的开发。在硬件抽象架构里，将 HIL 分为强 HIL 和弱 HIL 两种不同的抽象级别：

- ✧ 强 HIL：HIL 抽象具有完全的硬件无关性，称为强 HIL。
- ✧ 弱 HIL：硬件抽象达不到与硬件完全无关性，称为弱 HIL。

1. 强 HIL

强 HIL 符合硬件抽象架构中对 HIL 层的原始定义。HIL 组件的例子有 TimerMilliC、LedsC、ActiveMessageC 和 DemoSensorC 组件。如果强 HIL 提供了对某些变量的操作，变量应采用 platform-define 类型，如 Tinyos 2.x 的消息缓冲抽象 message_t。

打开 LedsC 文件，如图 3-9 所示。

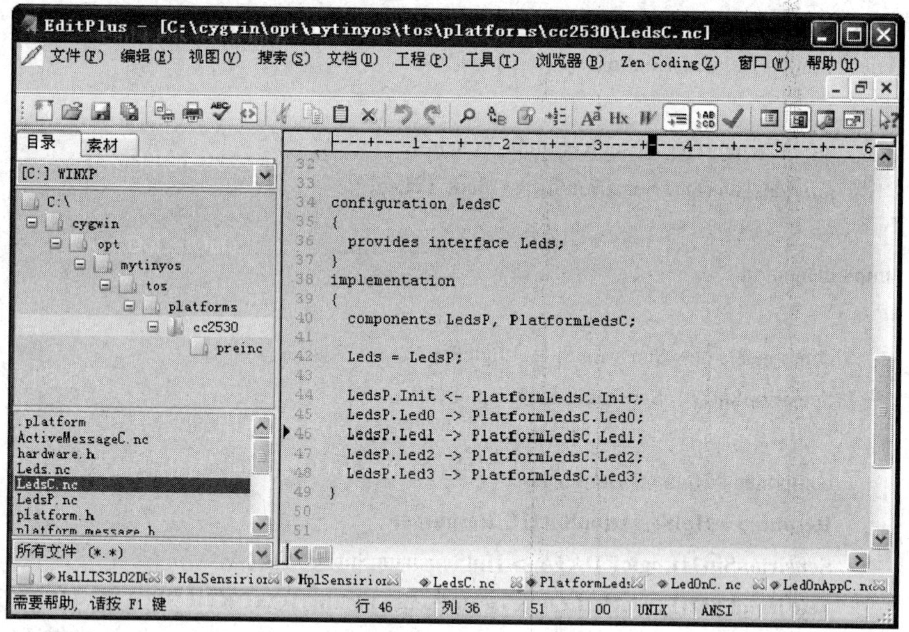

图 3-9 LedsC.nc 文件

其代码如代码 3-4 所示。

【代码 3-4】 LedsC.nc

```
configuration LedsC
{
    provides interface Leds;
}
```

```
implementation
{
   components LedsP, PlatformLedsC;

   Leds = LedsP;

   LedsP.Init <- PlatformLedsC.Init;
   LedsP.Led0 -> PlatformLedsC.Led0;
   LedsP.Led1 -> PlatformLedsC.Led1;
   LedsP.Led2 -> PlatformLedsC.Led2;
   LedsP.Led3 -> PlatformLedsC.Led3;
}
```

以上代码说明，HIL 层组件 LedsC.nc 使用 HAL 层组件 PlatformLedsC.nc 实现了 LED 的控制。另外，HIL 层组件为跨平台的应用提供了便利条件。

2. 弱 HIL

弱 HIL 是指基于这类抽象可以编写可移植代码，但移植时必须包含平台的特定行为，虽然这种平台的具体行为可能是由一个平台无关的应用程序执行，但语义上仍需要知道具体的平台情况。例如，ADC 抽象需要平台相关的配置情况，返回的数据必须根据配置信息才能解释。在所有平台中，ADC 配置信息通过 AdcConfigure 接口设定，以一个 platform-define 类型的 adc_config_t 变量作为参数。返回的 ADC 数据可能以一种与平台无关的方式处理，例如，计算多个 ADC 读取值的最大值、最下值或平均数。

弱 HIL 的好处就是可以编写可移植的使用代码。虽然这类抽象的代码可能不是完全地被移植，但比起在 HAL 层代码上移植，工作量要少很多。这是因为弱 HIL 本身会提示某些功能是如何显露的，从而给平台开发者提供帮助。

3.3　综合硬件组件

综合硬件组件主要功能是模拟高级的硬件行为，现有的 TinyOS 系统提供了大多数传感网硬件平台和应用领域里都可用到的组件，如定时器组件、传感器组件、消息收发组件以及电源管理组件等，从而把用户和底层硬件隔离开。基于此，用户只需开发针对特殊组件和特殊应用需求的少量组件，从而提高了应用软件的开发效率。

综合硬件组件包括感知组件、执行组件和通信组件等，它接收上层提供的的命令并向下调用硬件抽象组件执行此命令，它处于高层软件组件与硬件抽象组件之间，是 TinyOS 的一个过度层，它的出现方便了平台的移植。

3.4　高层软件组件

高层软件组件即应用组件，通过向下层发送命令，并且绑定相应的配件最终实现一个具体应用。应用组件主要有两部分组成：

- ✧ TinyOS 操作系统或发布平台为用户提供的应用组件(即 API 组件)。
- ✧ 用户应用程序本身的应用组件。

3.5 任务调度

在 TinyOS 体系结构中，位于最上层的是任务调度，即主组件。TinyOS 的主组件由 Main 组件组成，该组件由操作系统提供，节点上电后会首先执行该组件中的函数，其主要功能是初始化硬件、启动任务调度器以及执行应用组件的初始化函数。

3.5.1 任务和调度

在 TinyOS 系统中，任务和调度是两个不同的概念，其说明如下：

✧ 任务一般用于对实时性要求不高的应用中，其实质是一种延迟的计算机制。

✧ 任务的调度是由调度器来完成。在 TinyOS 2.x 任务调度器被实现为一个 TinyOS 组件。每个任务调度器必须都支持 nesC 语法的任务，否则不能通过 ncc 编译器的编译。

1. TinyOS 任务

TinyOS 1.x 中对任务的定义比较简单，无参数要求，并采取简单的先进先出(First-In-First-Out，即 FIFO)的调度策略。当多次提交一个任务进入任务队列时，可能会返回失败。因为当多次提交一个任务时，只有第一次提交是成功的，其他情况下都是失败的。这种情况导致即使收到提交失败的消息，任务依然会被运行。这中情况下虽然可以修改任务的调度策略，但是当策略发生改变时，开发人员将任务结合到 nesC 语言代码中非常困难。

TinyOS 2.x 中提供了两种类型的任务。

✧ 一种是 TinyOS 1.x 中使用的基本任务模型，将任务调度器表示为组件形式。TinyOS 的基本任务模型具体示例如示例 3-1 所示。

【示例 3-1】 基本任务

```
uint8_t num = 3;
…
//任务函数声明
post process Task();
…
task void process Task()
{
    //任务需要处理的工作
    num--;
    if(num)
    {
        //再次提交任务
        post process Task();
```

```
        }
    }
```

✧　一种是 TinyOS 2.x 中新出现的任务模型(本书称为接口任务模型)，即将任务表示为接口 TaskBasic，从而可以扩展任务的种类。系统对该接口的定义如示例 3-2 所示。

【示例 3-2】　TaskBasic.nc

```
interface TaskBasic
{
        async command error_t postTask();
        event void runTask();
}
```

由于 TinyOS 2.x 同时提供了这两种类型的实现方式，因此大大增强了系统的可靠性，接口任务模型兼容基本任务模型。在 TinyOS 2.x 系统中，任务具有以下特点：

✧　在 TinyOS 2.x 中，任务队列不会出现多个同样的任务，每个任务在任务队列中都有它自己预留的缓存区。

✧　任务可以被多次提交，但是只有一种情况下是提交失败的，即任务已经被提交，但没有开始执行，此时再次提交该任务将会返回失败。

✧　在 TinyOS 2.x 中，每个任务都分配了一个任务 ID 号，此 ID 号的程度为一个字节，即范围大小为 0～255。如果一个组件需要多次提交给同一个任务，可以在任务实现代码的最后部分将自身再次提交入队。

⚠ 注意：当前许多例子代码，甚至 TinyOS 2.1 本身提供的例子用到的任务模型还是 TinyOS 1.x 的基本任务模型，因此本书其他章节的例子也继续使用了这一老的任务模型。

2. TinyOS 调度器

TinyOS 的调度器既支持最基本的任务模型，又支持接口任务模型，并且由调度器负责协调不同的任务类型(例如具有超时管理的任务、具有优先级的任务)。

标准的 TinyOS 调度器组件定义在“tinyos-2.x\tos\system”目录中，其声明形式如示例 3-3 所示。

【示例 3-3】　SchedulerBasicP.nc

```
module SchedulerBasicP
{
        provides interface TaskScheduler;
        provides interface TaskBasic[uint8_t id];
        uses interface ThreadScheduler;
        uses interface Leds;
}
```

调度器提供了两个接口：TaskScheduler 和 TaskBasic。两个接口的详细说明如下。

1) TaskScheduler

调度器必须提供 Scheduler 接口，这个接口定义了用于初始化和运行任务的命令，TinyOS 使用该接口执行任务，其定义代码如代码 3-5 所示。

【代码 3-5】 Scheduler.nc

```
interface Scheduler
{
    //调度器的初始化
    command void init();
    //运行下一个任务，返回 true 表明有任务在运行，false 表明没有任务在运行
    command bool runNextTask();
    //任务的无限循环
    command void taskLoop();
}
```

其中：

✧ init 命令用来初始化任务队列和数据结构。

✧ runNextTask 命令一旦运行就必须运行到结束，其返回值表示它是否运行了任务：TRUE 表明有任务在运行；FALSE 表明没有任务在运行。如果调用 runNextTask(FALSE)可能返回 TRUE，也可能返回 FALSE；如果调用 runNextTask(TRUE)总是返回 TRUE。

✧ taskLoop 命令会使调度器进入无限任务循环中，并能够在微处理器处于空闲时使其进入低功耗模式。

2) TaskBasic

调度器提供了一个参数化的任务接口 TaskBasic，每一个绑定到这个任务接口的任务都需要使用 unique( )函数来获取唯一的标识符，而且调度器就是通过这个标识符来调度任务的，例如示例 3-4。

【示例 3-4】 获取任务标识符

```
NUM_TASKS = uniqueCount("TinyTaskSchedulerC.TaskBasic");
```

当在程序中使用“基本任务”模型编写程序时，如果使用了关键字 task 和 post，nesC 编译器将会自动将代码绑定到调度器组件。

✧ 当组件使用关键字 task 声明任务时，此组件将调用 TaskBasic 接口的 runTask 事件。

✧ 当组件使用关键字 post 时，它将调用 postTask 命令。

3.5.2 调度器的具体实现

任务调度的具体实现位于“tinyos-2.x/tos/system”目录中，组件是前述 SchedulerBasicP.nc 模块和对其进行封装的 TinyScheduleC.nc 配件。

1. SchedulerBasicP.nc

SchedulerBasicP.nc 是调度器的核心模块，其实现代码如代码 3-6 所示(有关说明请参见注释)。

【代码 3-6】 SchedulerBasicP.nc

```
#include "hardware.h"

module SchedulerBasicP @safe()
```

```
{
    provides interface Scheduler;
    provides interface TaskBasic[uint8_t id];
    uses interface McuSleep;
}
implementation
{
    enum
    {
        //获取任务个数
        NUM_TASKS = uniqueCount("TinySchedulerC.TaskBasic"),
        NO_TASK = 255,
    };

    //队列头
    uint8_t m_head;
    //队列尾
    uint8_t m_tail;
    //任务队列，每个任务都有一个 id，表明在队列中的位置
    //m_next[id]表示任务号为 id 后面排着的任务
    uint8_t m_next[NUM_TASKS];

    //任务出队函数，返回下一个可执行的任务编号
    inline uint8_t popTask()
    {
        //如果队列头不指向空任务
        if( m_head != NO_TASK )
        {
            //获取任务编号
            uint8_t id = m_head;
            //队列头移向下一个任务
            m_head = m_next[m_head];
            //如果移动后的队列头指向空任务，则使队列尾也指向空任务
            if( m_head == NO_TASK )
            {
                m_tail = NO_TASK;
            }
            //将队列中的当前任务清空，以便下一个任务进来
            m_next[id] = NO_TASK;
```

```
            //返回当前出队任务的编号
            return id;
        }
        else
        {
            return NO_TASK;
        }
    }

    //检查id号任务是否在队列中等待
    bool isWaiting( uint8_t id )
    {
        return (m_next[id] != NO_TASK) || (m_tail == id);
    }

    //将id号对应的任务入队
    bool pushTask( uint8_t id )
    {
        //如果id号所对应的任务没有在队列中等待
        if( !isWaiting(id) )
        {
            //如果当前任务队列为空，则压入第一个任务
            if( m_head == NO_TASK )
            {
                m_head = id;
                m_tail = id;
            }
            else
            {
                m_next[m_tail] = id;
                m_tail = id;
            }
            //入队成功则返回TRUE，入队失败则返回FALSE
            return TRUE;
        }
        else
        {
            return FALSE;
        }
```

```
}

//任务队列初始化
command void Scheduler.init()
{
    atomic
    {
        memset( (void *)m_next, NO_TASK, sizeof(m_next) );
        m_head = NO_TASK;
        m_tail = NO_TASK;
    }
}

//运行下一个任务
command bool Scheduler.runNextTask()
{
    uint8_t nextTask;
    atomic
    {
        //从队列中抽出一个任务
        nextTask = popTask();
        //如果抽出的任务为空，则返回 False
        if( nextTask == NO_TASK )
        {
            return FALSE;
        }
    }
    //触发该任务相应的运行事件并返回 TRUE
    signal TaskBasic.runTask[nextTask]();
    return TRUE;
}

//循环运行队列中的任务
command void Scheduler.taskLoop()
{
    for (;;)
    {
        uint8_t nextTask;
```

```
                atomic
                {
                    //当队列中无任务时进入休眠模式
                    while ((nextTask = popTask()) == NO_TASK)
                    {
                        call McuSleep.sleep();
                    }
                }
                signal TaskBasic.runTask[nextTask]();
            }
        }

        //提交任务
        async command error_t TaskBasic.postTask[uint8_t id]()
        {
            //当队列已存在该任务且被执行时返回 EBUSY
            atomic { return pushTask(id) ? SUCCESS : EBUSY; }
        }
        default event void TaskBasic.runTask[uint8_t id]()
        {
        }
    }
```

2. TinySchedulerC.nc

TinySchedulerC.nc 配件对 SchedulerBasicP 模块进行封装，以输出接口。其代码如代码 3-7 所示。

【代码 3-7】 TinySchedulerC.nc

```
    configuration TinySchedulerC
    {
        provides interface Scheduler;
        provides interface TaskBasic[uint8_t id];
    }

    implementation
    {
        components SchedulerBasicP as Sched;
        components McuSleepC as Sleep;
        Scheduler = Sched;
        TaskBasic = Sched;
```

```
        Sched.McuSleep -> Sleep;
    }
```

3.6 系统启动顺序

早期的 TinyOS 版本使用 StdControl 接口来进行系统初始化，并启动所需的软件系统，但是 StdControl 接口只能实现同步操作且只负责系统启动时软件部分的初始化工作，导致了硬件平台存在诸多限制。TinyOS 2.x 版本为了解决以上问题，将 StdControl 接口分成 3 个独立的接口，分别用来初始化、启动和停止组件以及通知节点已经启动。

3.6.1 TinyOS 2.x 启动接口

TinyOS 2.x 的启动过程使用以下 3 个接口：

✧ Init：初始化组件和硬件状态，一个同步接口，主要功能是使初始化有序的进行，其定义如代码 3-8 所示。

【代码 3-8】 Init.nc

```
interface Init
{
    command error_t init();
}
```

✧ Scheduler：初始化和运行任务，具体讲解详见 3.5.2 节。

✧ boot：通知系统已经成功启动，在此接口中定义了一个 booted()事件，通过此事件通知系统已经被成功的启动，其定义如代码 3-9 所示。

【代码 3-9】 Boot.nc

```
interface Boot
{
    event void booted();
}
```

3.6.2 TinyOS 2.x 启动顺序

TinyOS 2.x 的启动过程有以下几个步骤：

(1) 硬件平台启动。

(2) 调度器初始化。

(3) 平台初始化。

(4) 软件相关组件初始化。

(5) 中断使能。

(6) 触发启动完成的信号。

(7) 循环运行任务调度。

在应用程序中，直接接触到的启动组件是 MainC 组件。以 LedOn 为例，LedOnC 组件的连接示意图如图 3-10 所示，LedOnC 组件与启动组件通过 Boot 接口相连接，其中 Boot 接口由 MainC 组件提供。

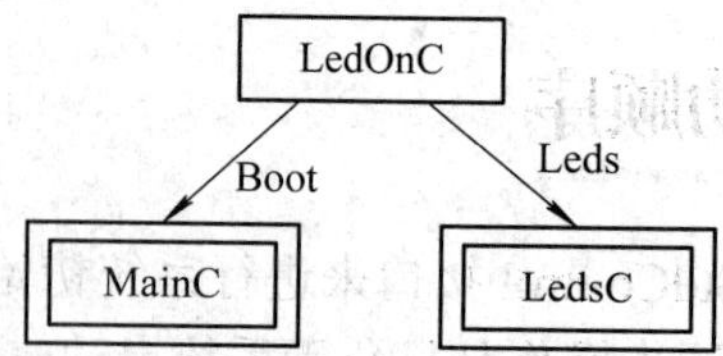

图 3-10 LedOnC 组件示意图

MainC 组件位于“tinyos-2.x/tos/system”目录中，其主要代码如代码 3-10 所示。

【代码 3-10】 MainC.nc

```
configuration MainC
{
   provides interface Boot;
   uses interface Init as SoftwareInit;
}
implementation
{
       components PlatformC, RealMainP, TinySchedulerC;
       //调度器接口绑定
       RealMainP.Scheduler -> TinySchedulerC;
       //平台初始化接口绑定
       RealMainP.PlatformInit -> PlatformC;
       //软件初始化接口绑定
       SoftwareInit = RealMainP.SoftwareInit;
       Boot = RealMainP;
}
```

MainC 组件的连接关系示意图如图 3-11 所示。

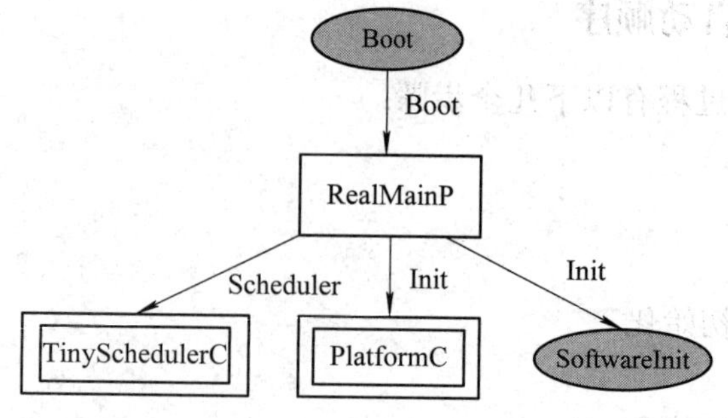

图 3-11 MainC 组件结构示意图

由 MainC 组件结构可知，它封装了 RealMainP 模块，位于“tinyos-2.x/tos/system”目录中，具体代码如代码 3-11 所示。

【代码 3-11】 RealMainP.nc

```
module RealMainP @safe()
{
    //提供 Boot 接口
    provides interface Boot;
    //提供 Scheduler 接口
    uses interface Scheduler;
    //使用 PlatformInit 接口
    uses interface Init as PlatformInit;
    //使用 SoftwareInit 接口
    uses interface Init as SoftwareInit;
}
implementation
{
    int main() @C() @spontaneous()
    {
        atomic
            {
                //启动硬件平台
                platform_bootstrap();
                //调度器的初始化
                call Scheduler.init();
                //平台的初始化
                call PlatformInit.init();
                //检查是否有任务要运行
                while (call Scheduler.runNextTask());
                //软件的初始化
                call SoftwareInit.init();
                //检查是否有任务要运行
                while (call Scheduler.runNextTask());
            }

        //使能中断
        __nesc_enable_interrupt();
        //触发启动完成的事件
        signal Boot.booted();
        //开启调度循环
        call Scheduler.taskLoop();
        return -1;
```

```
    }

    default command error_t PlatformInit.init() { return SUCCESS; }
    default command error_t SoftwareInit.init() { return SUCCESS; }
    default event void Boot.booted() { }
}
```

下面将对 RealMainP 模块中的几个启动步骤进行详细介绍。

1. 硬件平台启动

硬件平台启动 platfprm_bootstrap( )函数，该函数将系统置于运行状态。可以在函数内配置内存系统，也可以设定处理器的工作模式。该函数的实现在 TinyOS 顶层头文件 tos.h 中实现，但是不做任何操作。其具体代码如代码 3-12 所示。

【代码 3-12】 tos.h

```
#include <platform.h>
#ifndef platform_bootstrap
#define platform_bootstrap() {}
#endif
```

如果某个平台需要将这个默认的实现替换成其他具体的操作，需要在该平台的 platform.h 文件中用#define 语句声明，以 mytinyos 平台为例，platform.h 位于“mytinyos\tos\platforms\cc2530\”目录内，文件将硬件启动时的时钟设置为 32 MHz，具体代码如代码 3-13 所示。

【代码 3-13】 platform.h

```
//将时钟设置为 32MHz 启动
#define platform_bootstrap()
{   \
    CLKCONCMD = 0x00;               \
    while (CLKCONSTA != 0x00);\
}
```

2. 调度器初始化

调度器的具体实现前面已经讲过，这里不再赘述。

3. 平台初始化

平台初始化即硬件相关组件的初始化，是通过调用平台初始化命令 PlatformInit.init()来进行的，并且把 PlatformInit 接口连接到特定平台的 PlatformC 组件上。以 mytinyos 平台为例，其 PlatformC 的实现代码如代码 3-14 所示。

【代码 3-14】 PlatformC.nc

```
configuration PlatformC
{
    provides interface Init;
}
```

```
implementation
{
    components PlatformP;
    Init = PlatformP.Init;
}
```

由代码分析可知，PlatformC 将 Init 接口连接到 PlatformP 组件，PlatformP 组件的实现代码如代码 3-15 所示。

【代码 3-15】 PlatformP.nc

```
#include "cc2530.h"

module PlatformP
{
    provides interface Init;
}
implementation
{
    command error_t Init.init()
    {
        return SUCCESS;
    }
}
```

其中，PlatformP 可以实现对平台的硬件进行初始化，上述代码并没有给出具体的平台初始化，在实际开发过程中，用户可以根据需要在 PlatformP 组件的 implementation 中实现平台的初始化。

4. 软件相关组件初始化

TinyOS 软件组件的初始化是通过 SoftwareInit 接口与系统的各个不同的部分建立联系，如果有一些只需运行一次即可的代码，比如某些初始化或配置工作，就可以把他们连接到 SoftwareInit 接口。

5. 自动配线

在 TinyOS 系统中，为了简化应用程序的开发，并减轻设计者的负担，需要初始化的服务组件会通过“自动配线”连接到 SoftwareInit 接口，不需要用户完成。自动配线是指一个组件把某个接口自动绑定到它所依赖的组件上，而不需要用户解决。在这种情况下，该组件不只提供 Init 接口，并且需要将它的 Init 接口与 MainC 组件的 SoftwareInit 接口相连接。

例如，PoolC 组件是一个存储相关的通用配件，其初始化连接到 MainC 的 SoftwareInit 接口，其具体代码如代码 3-16 所示。

【代码 3-16】 PoolC.nc

```
generic configuration PoolC(typedef pool_t, uint8_t POOL_SIZE)
{
```

```
    provides interface Pool<pool_t>;
}

implementation
{
    components MainC, new PoolP(pool_t, POOL_SIZE);

    MainC.SoftwareInit -> PoolP;
    Pool = PoolP;
}
```

在系统初始化时，MainC 组件会自动完成 PoolP 组件的初始化工作，无需用户来完成工作。在实际运行中，MainC 组件调用 SoftwareInit.Init 命令，相当于在很多组件中调用 Init.Init 命令。在典型大型的应用程序中，初始化工作可能包含很多组件，但应用开发者只要编写合适的组件，组件之间会自动做好这些工作。

6. 中断使能

当调用 Init.init 命令的所有函数都返回后才允许中断。如果组件的初始化过程需要处理中断，有以下几种解决方法。

✧ 如果有中断状态标识，例如，某个 I/O 口在中断时是低电平，Init.init()函数应当使用循环检测的方法判断有无中断发生。

✧ 如果没有中断状态标识，Init.init()函数可以允许临时使能中断，前提是必须保证不会有其他组件来处理该中断，即如果某组件使能中断后，其中断处理程序会调用其他组件，那么就决不能开启中断。此外，当退出 Init.init()函数时，必须关闭中断。

✧ 如果没有中断状态表示且没有隔离中断处理程序的方法，则组件必须依赖初始化顺序以外的机制，如 SplitControl 接口。

一般情况下，系统启动过程中主要采用第 1 种解决方法，但有些特殊情况下组件需要处理中断，需要谨慎使用上述后两种方法处理中断。

7. 触发启动完成信号

当完成以上步骤的工作后，MainC 组件的 Boot.booted 事件被触发，以形成应用程序的入口事件，组件可以在 Boot.booted 事件中自由地调用 start()命令和其他命令。在 LedOn 应用程序中，定时器就是在 booted 事件中启动的。

8. 循环运行任务调度

当系统开启并启动了所需要的服务后，TinyOS 程序进入内核调度器循环。只要有任务在排队，调度系统就会继续运行任务。一旦发现任务队列为空，调度系统就会把微控制器调节到硬件允许的低能耗休眠状态。

当一个中断到达时，微控制器退出休眠模式，运行中断程序。这会使调度循环重新开始。如果中断处理程序发布了一个或多个任务，调度器将会调度系统运行任务队列中的任务，直到队列为空，然后再回到休眠状态。

3.7　跨平台应用

跨平台应用是指不同层次抽象的结合，不同层次的抽象指的是 TinyOS 三层硬件抽象结构，在 TinyOS 2.x 中建议使用三层硬件抽象结构，但不是必须的。通过三层硬件结构，开发者可以实现跨平台的应用，即在不同的平台下，可以共用上层的组件，通过调用关系对不同平台的不同硬件进行控制，硬件抽象架构的跨平台应用示意图如图 3-12 所示。

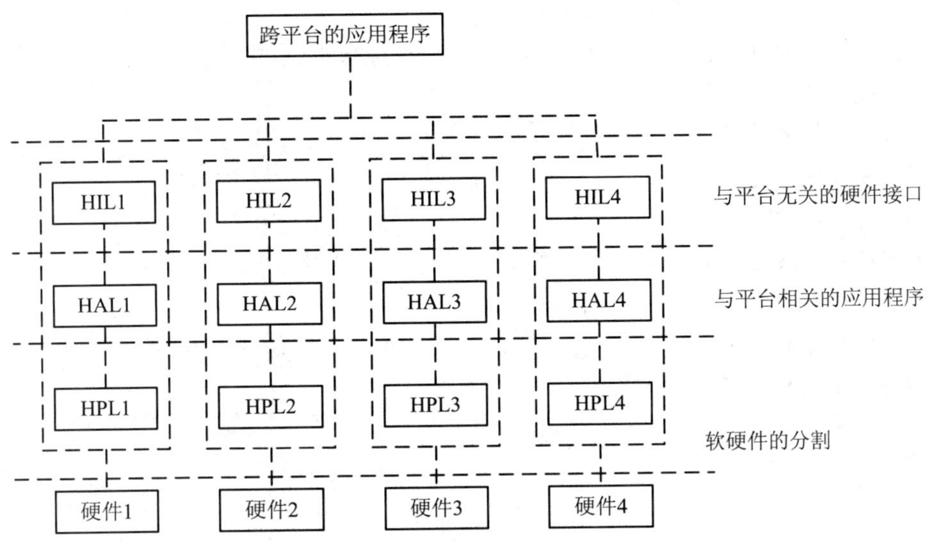

图 3-12　硬件抽象架构的跨平台应用示意图

不同的硬件之间通过不同的硬件平台划分，跨平台的应用程序通过调用与平台无关的硬件接口组件实现各个平台不同硬件的功能。以 LedOn 为例，在 mytinyos 平台中可以点亮 LED0；同样在其他平台中，如在 MSP430 为核心的平台中，也可以点亮 MSP430 的 LED0。

小　结

通过本章的学习，应该了解到：

◆　TinyOS 操作系统采用组件的结构，是一个基于事件的系统。

◆　TinyOS 体系结构由下到上将一系列组件分为 4 大类：即硬件抽象组件、综合硬件组件、高层软件组件和任务调度。

◆　硬件抽象架构的 3 层分别是硬件表示层、硬件适配层和硬件接口层。

◆　硬件表示层与硬件的寄存器和中断密切相关，不同芯片的硬件平台的硬件表示层是不同的，这一层与平台的移植息息相关。

◆　硬件适配层带有丰富的硬件相关的接口，有助于提高效率；不同平台的硬件适配层有可能不同。

◆　硬件接口层提供与平台无关的接口，便于代码的移植。这一层与平台无关，上层可以调用这一层的接口实现对下层的控制。

◆　任务的调度是由调度器来完成，在 TinyOS 2.x 任务调度器被实现为一个 TinyOS

组件。每个任务调度器必须都支持 nesC 语法的任务，否则不能通过 ncc 编译器的编译。

◆ 任务调度的具体实现位于 tinyos-2.x/tos/system 目录中，主要组件有 SchedulerBasicP.nc 和 TinyScheduleC.nc。

◆ TinyOS 2.x 的启动过程使用以下 3 个接口：Init 接口、Scheduler 接口和 boot 接口。

练 习

1．下列不是 TinyOS 2.x 提出的 3 层结构的硬件抽象架构的是______。

A．硬件表示层

B．硬件抽象层

C．硬件接口层

D．综合硬件层

2．TinyOS 体系结构由下到上将一系列组件分为 4 大类，即______、______、______和______。

3．TinyOS 2.x 的启动过程使用______、______和______等 3 个接口。

4．简述 TinyOS 2.x 的启动循序。

第 4 章　平台移植

本章目标

- ◆ 理解 TinyOS 平台、发布平台和硬件平台的概念
- ◆ 理解 TinyOS make 系统的工作流程
- ◆ 熟悉 TinyOS 平台目录结构组成
- ◆ 熟悉 support 目录下的编译脚本文件的功能
- ◆ 熟悉 tos 目录下各子目录的作用
- ◆ 熟悉 tos/platforms 目录下平台代码文件的作用

学习导航

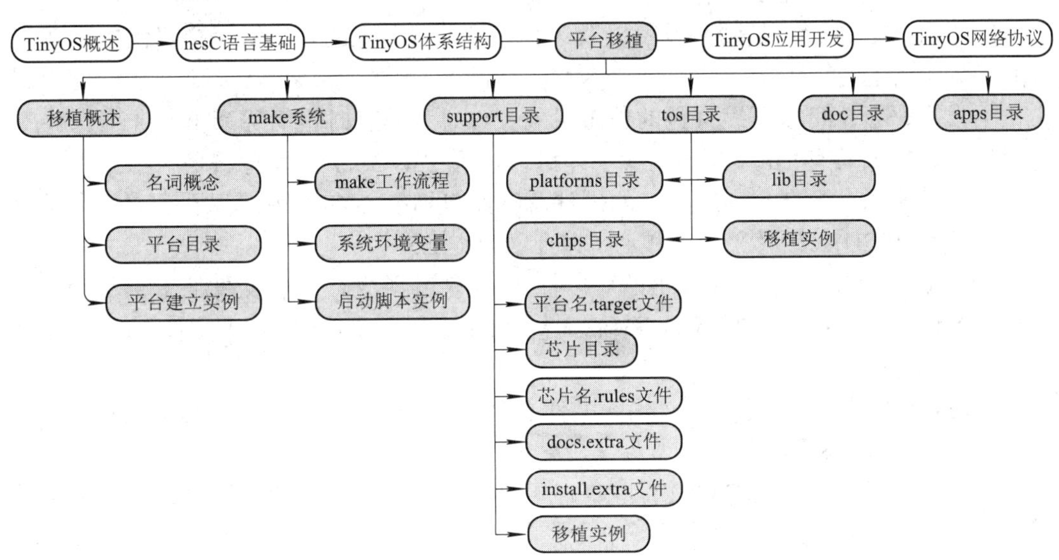

任务描述

➢【描述 4.D.1】

以 cctinyos 为发布平台名，建立该平台基本目录架构。

➢【描述 4.D.2】

在 4.D.1 的基础上，建立 cctinyos 平台的环境变量设置脚本文件，并设置为自动启动。

➢【描述 4.D.3】

在 4.D.2 的基础上，建立 cctinyos 平台 support 目录里的内容，要求基于芯片 CC2530。

➢【描述 4.D.4】

在 4.D.3 的基础上，建立 cctinyos 平台 tos 目录里的内容。

4.1 移植概述

TinyOS 的分层式体系结构，可比较方便地移植到其他硬件平台上，平台移植完毕的结果就是，用户可以在该平台上基于它支持的硬件进行 TinyOS 应用程序开发。本章重点介绍了 TinyOS 移植过程的原理、步骤和方法，其中涉及到的 Makefile、perl 和 python 脚本的编写方法本书不做介绍，请参考相关资料；涉及到的驱动代码，只进行代码示例展示和说明。

4.1.1 名词概念

在具体移植之前，需要了解以下名词的概念：

✧ 平台(platform)：是硬件设备以及运行在硬件设备上的可以给用户提供二次开发功能的软件和硬件总称。

✧ 发布平台：可以压缩打包的整个目录文件总称，有时也简称为平台，用户解压或直接复制后，在安装有 TinyOS 的系统下即可以进行 TinyOS 应用程序开发。

✧ 硬件平台：发布平台所支持的硬件总称，包括核心 CPU 和芯片外围的硬件资源。

✧ 芯片(MCU)：硬件平台的核心 CPU，如 CC2530。

✧ nesC 编译器：TinyOS 提供的可以把 nc 文件编译成 C 语言文件的工具程序。

✧ 编译工具链：也称为 make 系统，是 make 工具、Makefile 脚本文件、nesC 编译器等共工具的总称。

✧ Makefile：包括直接以 Makefile 文件命名以及 Makefile 格式的可以被 make 工具解析执行的脚本文件总称。

✧ 本地编译器：可以将 C 文件编译成硬件平台可执行代码的工具，一般由芯片厂商提供。

✧ 程序烧写器：将可执行代码下载至硬件平台的工具，一般由芯片厂商提供。

以上概念之间的关系如图 4-1 所示。

从图 4-1 可以看出，本地编译器和程序烧写器一般不包含在平台中，一般是由芯片厂商或第三方厂商提供，如本书使用的 IAR For 51 是由 IAR Systems 公司提供的。

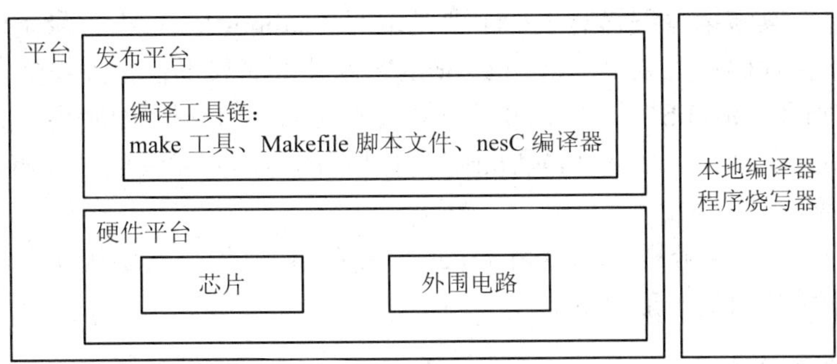

图 4-1　与 TinyOS 移植相关的概念

4.1.2　平台目录

官方推荐使用"新的目录"作为新平台的发布目录(调试和发布安装都在 Linux 系统的"/opt/"目录下)，并且参考 TinyOS 原来的目录建立发布目录。用户在新平台上进行开发，其实就是在这个发布目录下工作。一般情况下，一个新平台的目录结构及必要的文件如图 4-2 所示。

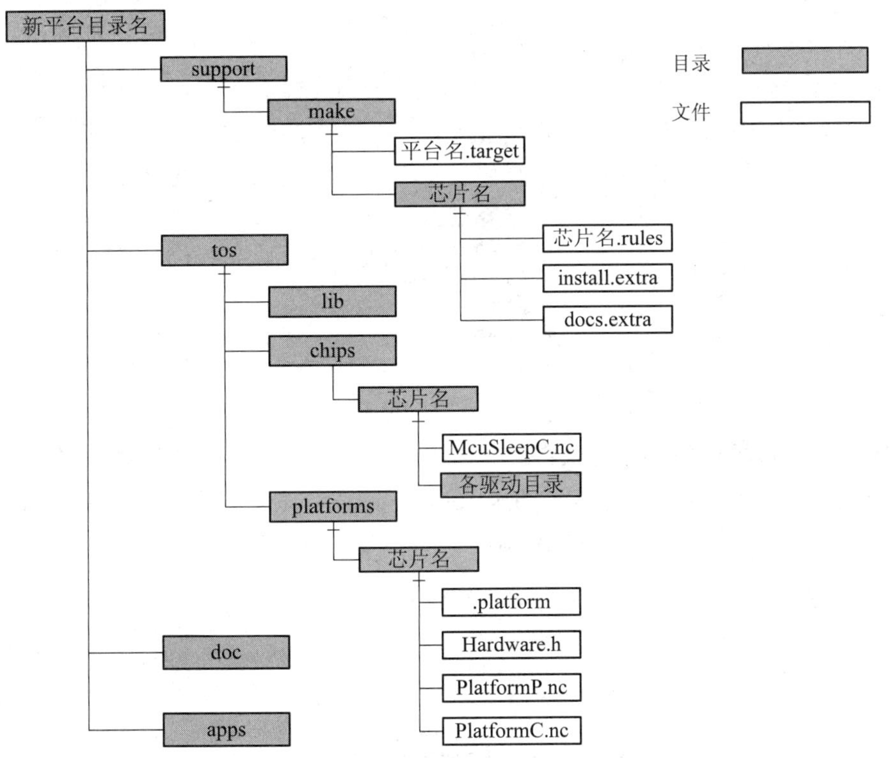

图 4-2　新平台目录结构及必要的文件

从图 4-2 可以看出，目录结构与官方发布的 TinyOS 目录结构几乎完全一样，因此作用也一样，可参见第 1 章 1.4.3 节内容。TinyOS 平台移植的工作，本质上就是上述目录的建立以及目录内主要文件的编写，主要包括以下内容：

✧　建立新平台目录，后续的移植工作都以此为基础。

✧ 为编译工具链编写编译脚本：主要是编写“support/make”目录下的脚本文件。

✧ 建立平台代码：主要是“tos/platforms”目录下的与平台相关部分 nc 文件(含少量的 C 语言头文件)和“tos/lib”目录下的平台提供的其他应用支持(如网络、线程等)。

✧ 添加芯片驱动：主要是“tos/chips”目录下的与芯片相关的硬件驱动代码(nc 文件以及少量的 C 语言头文件)。

后面内容先在 4.2 节分析 TinyOS 的 make 系统工作流程，然后从 4.3 节开始以目录为线索详细介绍平台移植的一般过程。

4.1.3 平台建立实例

本小节内容用于实现任务描述 4.D.1，以 cctinyos 为发布平台名，建立该平台基本目录架构。

1. 建立 cctinyos 目录

在 windows 下打开 cygwin 的安装目录，然后在“cygwin\opt\”目录下建立 cctinyos 目录(这里以平台名作为发布目录名)，结果如图 4-3 所示。

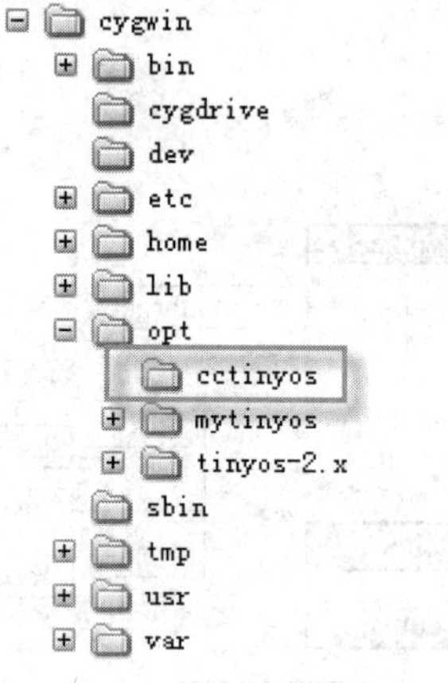

图 4-3 建立 cctinyos 目录

2. 建立平台目录框架

在“cctinyos”目录下分别建立“apps、doc、support、tos”子目录，结果如图 4-4 所示。

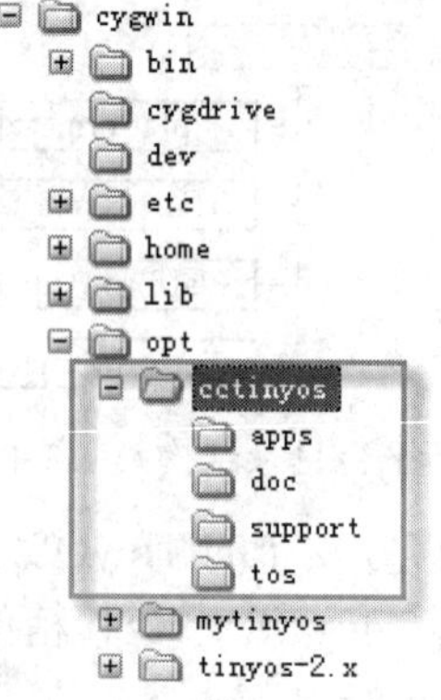

图 4-4 cctinyos 平台目录框架

4.2　make 系统

TinyOS 程序的编译使用的是 make 工具，make 工具通过解析 Makefile 文件(以及符合 Makefile 格式的脚本文件)查找参与编译的文件并调用 nesC 编译器，并进一步调用本地编译器和烧写器完成 TinyOS 程序的编译链接和下载执行工作(关于 make 工具及 Makefile 文件的编写方法请参考相关教材或参考本书系列教材《Linux 操作系统教程》)。本小节浅析 TinyOS 的 make 系统工作原理，以便于理解 TinyOS 的移植过程。

4.2.1　make 工作流程

TinyOS 的 make 系统的工作流程如图 4-5 所示。

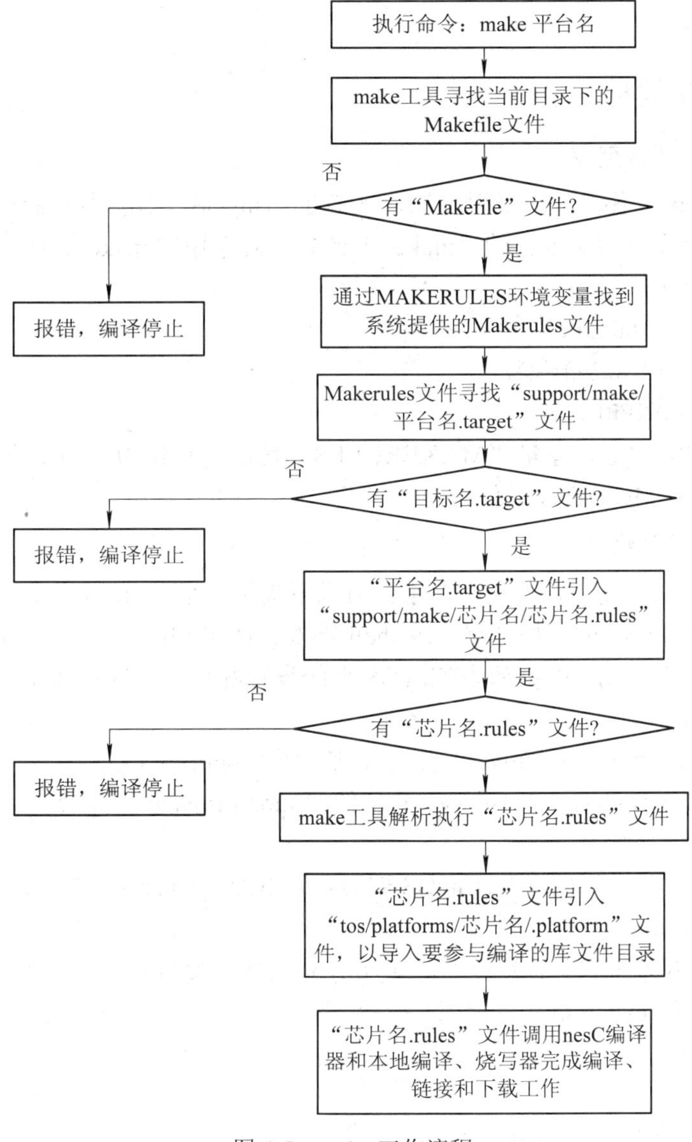

图 4-5　make 工作流程

上述编译过程涉及到以下几个重要文件：

✧ Makefile 文件：位于当前应用程序目录下，是 make 工具首先要解析执行的文件。

✧ Makerules 文件：TinyOS 系统提供的系统 Makefile 文件，一般位于“tinyos-2.x/support/make/”目录内。

✧ 平台名.target 文件：位于发布平台目录的“support/make/”目录下，以平台名命名的文件(如 cc2530.target)，用于建立与平台相关的变量，并且提供平台名和编译生成目标。

✧ 芯片名.rules 文件：位于发布平台目录的“support/make/芯片名/”目录下，是 make 工具要解析执行的主要用户级 Makefile 文件，具体实现真正的编译调用和程序烧写、下载调用。

✧ .platform 文件：位于发布平台目录的“tos/platform/芯片名/”目录下，用于指定要参与编译的 TinyOS 和发布平台目录，文件内容包含类似于 C 语言下的“#include”预处理语句。

4.2.2 系统环境变量

1. MAKERULES 变量

根据前述 make 系统工作流程可知，所有的 TinyOS 应用程序目录下都必须有一个 Makefile 文件。该文件由命令行的“make 平台名”命令触发 make 工具解析执行，其内容一般如代码 4-1 所示。

【代码 4-1】 Makefile

```
COMPONENT=顶层配件名
include $(MAKERULES)
```

其中，TinyOS 规定，变量“MAKERULES”是由用户作为环境变量定义，并且指向 TinyOS 系统提供的 Makerules 文件。

2. 环境变量设置脚本

一般情况下，为方便用户使用，在平台目录下提供一个 shell 脚本文件，在该文件中定义类似“MAKERULES”的环境变量。该 shell 脚本文件在 Linux 系统启动(或 Cygwin 启动)时由 Linux 系统自动调用，以自动为 TinyOS 系统设置好相应的环境变量。脚本文件中至少要定义以下三个变量：

✧ TOSDIR：指向官方 TinyOS 安装目录，如“/opt/tinyos-2.x”。

✧ TOSMAKE_PATH：指向发布平台的“support/make”目录，如“/opt/mytinyos/supprot/make”。

✧ MAKERULES：指向官方 TinyOS 安装目录下的“Makerules”文件，如“/opt/tinyos-2.x/support/make/Makerules”。

以下 shell 脚本文件是本书配套平台 mytinyos 的环境变量脚本，如示例 4-1 所示。

【示例 4-1】 myenv.sh

```
# tinyos envs


export TOSROOT=/opt/tinyos-2.x
```

```
export DHROOT=/opt/mytinyos
export TOSMAKE_PATH="$TOSMAKEPATH $DHROOT/support/make"

if [ ! -d $TOSROOT ]; then
    echo "TOSROOT $TOSROOT does not exist, FAIL"
    exit 1
else
    echo "TOSROOT=$TOSROOT"
fi

export TOSDIR=$TOSROOT/tos
export MAKERULES=$TOSROOT/support/make/Makerules

#显示设置好的环境变量
echo "TOSDIR=$TOSDIR"
echo "MAKERULES=$MAKERULES"
echo "TOSMAKE_PATH=$TOSMAKE_PATH"
#告诉用户，设置完毕
echo "Set mytinyos env SUCCESS!"
```

3. 自动运行脚本

为了让建立好的 shell 脚本文件随系统启动时自动运行，可以在 Linux 系统的启动脚本中增加命令进行运行。对于 Cygwin，可以在其“/home/用户名/.bashrc”脚本中增加命令，如图 4-6 所示。

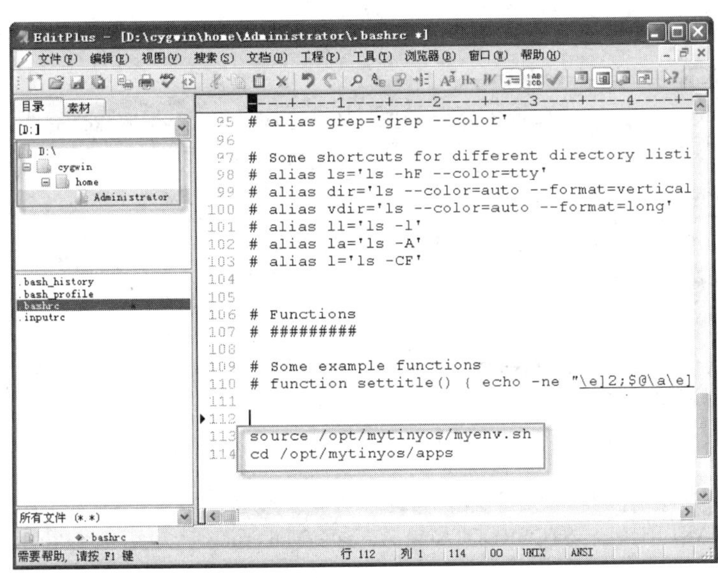

图 4-6 增加命令以自动运行脚本

然后，当启动 Cygwin 时可以看到如图 4-7 所示信息。

图 4-7　cygwin 启动时的显示信息

4.2.3　启动脚本实例

本小节内容用于实现任务描述 4.D.2，在 4.D.1 的基础上，建立 cctinyos 平台的启动脚本文件，并设置为自动启动。

1. 建立启动脚本文件

参考前述 mytinyos 平台的脚本文件，建立 cctinyos 平台的环境变量设置脚本文件，并保存于“opt/cctinyos/”目录下。其内容如描述 4.D.2　cctinyos.env 所示。

【描述 4.D.2】　cctinyos.env

```
# Script to set cctinyos env & simply commands
#
# Usage: "source cctinyos.env" in cctinyos's root dir
#
# cctinyos envs

export TOSROOT=/opt/tinyos-2.x
export CCROOT=/opt/cctinyos
export TOSMAKE_PATH="$TOSMAKEPATH $CCROOT/support/make"

if [ ! -d $TOSROOT ]; then
    echo "TOSROOT $TOSROOT does not exist, FAIL"
    exit 1
else
    echo "TOSROOT=$TOSROOT"
fi

export TOSDIR=$TOSROOT/tos
export MAKERULES=$TOSROOT/support/make/Makerules

echo "TOSDIR=$TOSDIR"
```

```
echo "MAKERULES=$MAKERULES"
echo "TOSMAKE_PATH=$TOSMAKE_PATH"
echo "Set cctinyos env SUCCESS!"
```

注意：基于一个类似的平台进行移植是一个重要的技巧，例如基于 CC2430 移植成 CC2530，由此可以重用许多已有的文件或代码，上述 cctinyos.env 文件就是在 mytinyos 的 myenv.sh 上进行简单修改而成的。本章后面的任务描述基本上都是这种方法的使用。

2. 设置为自动运行

修改 Cygwin 下的“/home/administrator/.bashrc”的脚本文件，在文件的末尾修改内容如描述 4.D.2　.bashrc 所示。

【描述 4.D.2】　.bashrc

```
…
#注释掉以下两行
#source /opt/mytinyos/myenv.sh
#cd /opt/mytinyos/apps

#添加以下两行代码
source /opt/cctinyos/cctinyos.env
cd /opt/cctinyos/apps
```

3. 重新启动 cygwin

运行结果如图 4-8 所示。

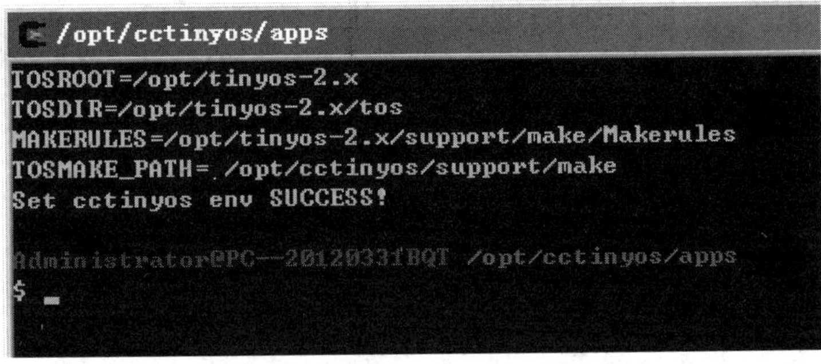

图 4-8　cctinyos 启动

4.3　support 目录

“平台目录名/support/”目录用于存放为编译工具链提供支持的编译脚本文件。一般情况它只有一个 make 子目录，按照官方要求 make 目录有以下两部分内容：

- ✧　“平台名.target”文件。
- ✧　以平台的芯片命名的子目录。

4.3.1 平台名.target 文件

“平台名.target”简称为“.target”文件，按照官方要求，其为固定格式的Makefile脚本，如代码4-2所示。

【代码4-2】 平台名.target文件

```
PLATFORM = 平台名

ifdef PLATFORM
PFLAGS += -D__$(PLATFORM)__=1
endif

$(call TOSMake_include_platform,芯片名)

平台目标: $(BUILD_DEPS)
    @:
```

其中，上述代码中的黑体字由用户根据需要替换为自己平台的内容：

✧ 平台名：也称为平台代号，赋值给PLATFORM变量，该变量可以在后面所讲的“芯片名.rules”文件中引用。

✧ 芯片名：是平台所运行的MCU名称，注意它的名字一定要与下面要讲的芯片目录名字一致。

✧ 平台目标：是make工具要生成的最终目标，一般与“平台名”一致。

另外：

✧ BUILD_DEPS：是平台目标的依赖，该变量可以被后面的.rules、docs.extra和install.extra文件定义，以提供给make系统灵活实现用户的目标(nesC编译、本地编译、程序烧写等)。

“.target”文件定义好后，将对用户在新平台上使用make工具编译程序时产生以下两个直接影响：

✧ 调用make工具编译程序时的命令要使用“make 平台目标”。

✧ make工具调用相关脚本自动寻找“芯片名”目录下的“芯片名.rules”文件并解析执行。

例如，建立以CC2530为平台名，芯片名也为CC2530的.target文件，则名字是cc2530.target，且内容如示例4-2所示。

【示例4-2】 cc2530.target

```
PLATFORM = cc2530

ifdef PLATFORM
PFLAGS += -D_$(PLATFORM)_=1
endif
```

```
$(call TOSMake_include_platform,cc2530)

cc2530: $(BUILD_DEPS)
        @:
```

注意：对于本书使用的 mytinyos 平台，分析其“cc2530.target”文件内容可以看出，严格意义上它的平台名是“cc2530”，“mytinyos”只是其发布目录名。

4.3.2 芯片目录

芯片目录为 make 工具提供详细的编译规则。根据上述内容可知，芯片目录的名字要与.target 文件中的“芯片名”一致，且主要含以下文件：

✧ “芯片名.rules”文件：是 make 工具要调用的主要编译脚本，该文件实际调用 nesC 的编译器对 nesC 程序进行编译。

✧ docs.extra 文件：用于提供对“make 平台名 docs”命令的支持，以生成可视化组件视图。若没有该文件，make 工具根据系统提供的脚本自动调用系统目录下的 docs.extra 文件。

✧ insall.extra 文件：用于提供对“make 平台名 install”的支持，以实现自动将生成的 nesC 程序编译成硬件平台二进制可执行代码，并下载至目标平台内。

✧ 其他脚本文件：一般是.rules 文件调用的其他辅助脚本。

4.3.3 芯片名.rules 文件

1. .rules 文件的内容

“芯片名.rules”文件简称“.rules”文件，本质上是一个 Makefile 文件脚本，被前述“平台名.target”文件调用而后由 make 解析执行。它主要完成以下工作：

✧ 定义指向“参与编译的路径”变量以传递给 nesC 编译器，让编译器可以找到程序所用的合适的组件和接口。

✧ 调用 nesC 编译器编译 nesC 程序为 C 程序。

✧ 调用平台硬件所需要的本地 C 语言编译器编译硬件可执行的二进制代码。

✧ 调用平台硬件所需要的烧写程序将可指定行代码下载至硬件。

本书配套平台 mytinyos 的 cc2530.rules 的文件内容如示例 4-3 所示。

【示例 4-3】 cc2530.rules

```
#-*-Makefile-*- vim:syntax=make


# In order to exclude /usr/lib/ncc/, directly call to nesc1
# 定义变量
NCC = /usr/lib/ncc/nesc1
LIBS = -lm
BUILDDIR ?= build/$(PLATFORM)
APP_C ?= $(BUILDDIR)/app.c
```

```
IAR_C ?= $(BUILDDIR)/app-iar.c
CC2530_MAKEDIR ?= $(DHROOT)/support/make/cc2530
CC2530_PLATFORMDIR ?= $(DHROOT)/tos/platforms/cc2530

#定义 BUILD_DEPS 变量，与 CC2530.target 文件中目标依赖联系起来
ifndef BUILD_DEPS
  ifeq ($(filter $(BUILDLESS_DEPS),$(GOALS)),)
    BUILD_DEPS = exe
  endif
endif
#为 nesC 编译器的参数指定路径值
PFLAGS += -I$(CC2530_PLATFORMDIR)
PFLAGS += -I$(CC2530_MAKEDIR)/inc
PFLAGS += -I$(CC2530_PLATFORMDIR)/preinc

#为 nesC 编译器的参数指定路径值
CFLAGS+= -U__BLOCKS__
CFLAGS+= -fnesc-include=deputy_nodeputy
           -fnesc-include=nesc_nx -fnesc-include=tos
CFLAGS+= -fnesc-separator=__  -DNESC=134 -Wnesc-all


#调用 perl 脚本引入要参与编译的系统路径
CFLAGS+=$(shell perl $(CC2530_MAKEDIR)/nescarg.pl)

#本地编译器路径
MCS51_IAR_PATH=/cygdrive/d/Program\ Files/IAR\ Systems/Embedded\ Workbench\ 6.0\
Evaluation/common/bin

#烧写器路径
RFPROG_PATH=/cygdrive/C/Program\ Files/Texas\ Instruments/SmartRF\ Flash\ Programmer

#目标 tosimage：实现程序本地编译和下载
tosimage:exe imgprog FORCE
    @:

exe: exe0 FORCE
    @:
#目标 exe0：nesC 程序编译
```

```
exe0: builddir $(BUILD_EXTRA_DEPS) $(COMPONENT).nc FORCE
        @echo "      compiling $(COMPONENT) to a $(PLATFORM) source file"
        $(NCC) -o $(APP_C) $(PFLAGS) $(shell echo $(CFLAGS) | sed 's:%T:"$(TOSDIR)":g')
$(COMPONENT).nc
        @echo "      compiled $(COMPONENT) to $(APP_C)"
        python $(CC2530_MAKEDIR)/iar.py $(APP_C) $(IAR_C)

#目标 builddir：生成路径
builddir: FORCE
        mkdir -p $(BUILDDIR)
#目标 imgprog ：C 程序编译、烧写下载
imgprog: FORCE
        cp $(CC2530_MAKEDIR)/Iar_TinyOS_Project.* $(BUILDDIR)
        $(MCS51_IAR_PATH)/iarbuild.exe
        ./$(BUILDDIR)/Iar_TinyOS_Project.ewp -build Debug
        mv ./$(BUILDDIR)/Debug/Exe/Iar_TinyOS_Project.a51
        ./$(BUILDDIR)/Debug/Exe/Iar_TinyOS_Project.hex
        $(RFPROG_PATH)/SmartRFProgConsole.exe
S EPV F=./$(BUILDDIR)/Debug/Exe/Iar_TinyOS_Project.hex
```

上述脚本代码涉及到以下几个 make 目标：

✧ tosimage：依赖于 exe 和 imgprog 目标实现程序编译和下载。

✧ exe：依赖于 exe0 目标实现程序 nesC 程序编译。

✧ exe0：通过(依赖于)builddir 目标实现编译目录的建立，并且通过命令实现 nesC 程序编译。

✧ builddir：建立编译目录。

✧ imgprog：本地编译，且下载程序至硬件。

以上目标中，exe0、builddir 和 impprog 是基本目标，tosimage 和 exe 是通过基本目标实现自己。这种目标的嵌套机制，可以灵活的实现组合功能。

2. 辅助脚本文件

从上述代码可以看出，cc2530.rules 文件引入以下两个新的脚本文件：

✧ nescarg.pl：perl 脚本，分析处理.platform 文件以引入 nesC 指向系统目录的编译路径。

✧ iar.py：python 脚本，主要处理 nesC 编译形成的 C 语言文件中不符合 C 语言语法的注释。

关于 perl 和 python 脚本的编写请参考相关资料。

3. nesC 编译器

按照 TinyOS 官方的推荐，nesC 编译器主要是“/usr/bin”目录下的 ncc 和 nescc 两个程序。用户在使用的时候应该使用 ncc，然后 ncc 的部分编译工作通过调用 nescc 完成。

需要注意的是，上述代码中用到的 nesC 编译器是“/usr/lib/ncc”目录下的 nesc1 程序。原因是本书用到的本地编译器是 IAR，而 ncc 编译器将产生一些 IAR 不支持的数据类型(如 64 位)和零长度的数组等。

4.3.4 docs.extra 文件

1. nesdoc 命令

“docs.extra”文件的主要内容就是调用 nesdoc 程序为程序生成可视化视图，关于 nesdoc 命令的使用可以在 cygwin 的命令行上运行“man nesdoc”命令查看其使用说明，如图 4-9 所示。

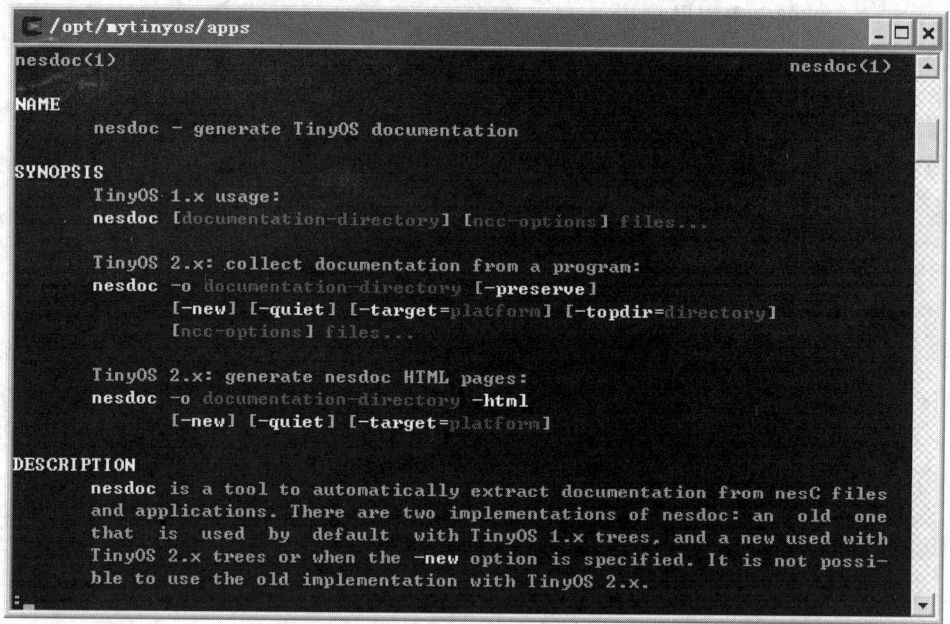

图 4-9 nesdoc 的使用说明

2. docs.extra 文件内容

在 docs.extra 文件中要通过重新定义 BUILD_DEPS 变量作为新的 make 目标(与 CC2530.target 文件中目标依赖联系起来)，并且在新目标的命令中调用 nesdoc。本书配套平台 mytinyos 的 docs.extra 的文件内容如示例 4-4 所示。

【示例 4-4】 docs.extra

```
…
BUILD_DEPS = docsx_


docsx_: FORCE
	@echo "    Making documentation for $(COMPONENT) on $(PLATFORM)"
	# first generate the xml files
	nesdoc -o $(DOCDIR)/$(COMPONENT) $(NESDOC_FLAGS) $(PFLAGS) $(CFLAGS) 
$(QUIET) $(COMPONENT).nc
```

```
ifneq ($(filter nohtml,$(DOCS)),nohtml)
        # generate html from the xml files
    nesdoc -o $(DOCDIR)/$(COMPONENT) -html $(QUIET) -target=$(PLATFORM)
    @echo "Please open file: $(DOCDIR)/$(COMPONENT)/$(PLATFORM)/index.html"
endif
```

当用户在应用程序目录下使用"make 平台名 docs"命令时，通过 Makerules 和. target 文件最终执行 docs.extra 文件中的上述 nesdoc 命令为程序生成一系列的.html 文件(位于平台目录下的"doc/nesdoc/应用程序名"目录内)，用浏览器打开目录下的"index.html"文件即可浏览程序的可视化组件视图。

注意，由于该文件重新定义了"BUILD_DEPS"变量且指向了本文件中的 docsx_目标，因此 make 系统将不再解析执行 cc2530.rules。

4.3.5 install.extra 文件

与"docs.extra"脚本类似，"install.extra"文件也要通过重新定义 BUILD_DEPS 变量作为新的 make 目标(与 CC2530.target 文件中目标依赖联系起来)，以实现 nesC 程序本地编译以及下载。

本书配套平台 mytinyos 的 install.extra 的文件内容如示例 4-5 所示。

【示例 4-5】 install.extra

```
#-*Makefile-*- vim:syntax=make


BUILD_DEPS = tosimage
```

注意，上述"tosimage"指向了本文件中没有的"tosimage"目标，make 系统自动寻找到前述 cc2530.rules 中的"tosimage"目标。

4.3.6 移植实例

本小节内容用于实现任务描述 4.D.3，在 4.D.2 的基础上，建立 cctinyos 平台 support 目录里的内容，要求基于芯片 CC2530。

1. 建立 support 目录的子目录

在"opt/cctinyos/support/"目录下建立"make/cc2530"子目录，结果如图 4-10 所示。

图 4-10　support 子目录建立

2. 建立 cctinyos.target 文件

在“opt/cctinyos/support/make/”目录下建立 cctinyos.target 文件，其内容如描述 4.D.3 cctinyos.target 所示。

【描述 4.D.3】 cctinyos.target

```
#cctinyos.target

PLATFORM = cctinyos

ifdef PLATFORM
PFLAGS += -D__$(PLATFORM)__=1
endif

$(call TOSMake_include_platform,cc2530)

cctinyos: $(BUILD_DEPS)
	@:
```

3. 使用 null 程序测试.target 文件

官方推荐用户在移植过程中使用 null 程序简单测试移植成功与否，该程序位于 TinyOS 的安装目录下的“apps”目录下。

将“opt/tinyos-2.x/apps/”下的“null”目录复制到“opt/cctinyos/apps/”目录下，然后在 Cygwin 命令行上运行描述 4.D.3 编译 null 程序所示命令。

【描述 4.D.3】 编译 null 程序

```
$ cd null
$ make cctinyos
```

指令执行结果如果没有错误提示，则表明上述操作步骤是成功的，如图 4-11 所示。

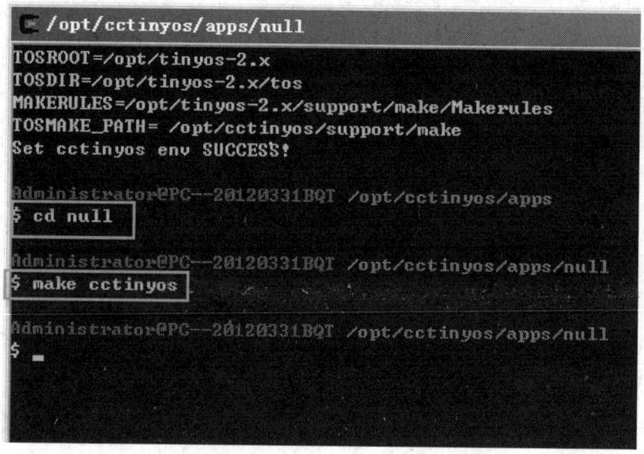

图 4-11 编译 null 程序

4. 建立 cc2530.rules 文件

将“mytinyos/support/make/cc2530/”目录下的 cc2530.rules 文件拷贝到“cctinyos/support/make/cc2530/”目录下，文件内容如描述 4.D.3 cc2530.rules 所示，其中黑体加粗的部分是针对 cctinyos 平台的修改。

【描述 4.D.3】 cc2530.rules

```
#-*-Makefile-*- vim:syntax=make

# In order to exclude /usr/lib/ncc/, directly call to nesc1
# (lots of IAR-NOT-SUPPORTED typedefs there, such as 64bit types, zero-length array etc.),
#
NCC = /usr/lib/ncc/nesc1
LIBS = -lm
BUILDDIR ?= build/$(PLATFORM)
APP_C ?= $(BUILDDIR)/app.c
IAR_C ?= $(BUILDDIR)/app-iar.c
CC2530_MAKEDIR ?= $(CCROOT)/support/make/cc2530
CC2530_PLATFORMDIR ?= $(CCROOT)/tos/platforms/cc2530
…
#本地编译器路径：注意要与本机 IAR 的安装位置一致
MCS51_IAR_PATH=/cygdrive/d/Program\ Files/IAR\ Systems/Embedded\ Workbench\ 6.0\
Evaluation/common/bin

#烧写器路径：注意要与本机 IAR 的安装位置一致
RFPROG_PATH=/cygdrive/C/Program\ Files/Texas\ Instruments/SmartRF\ Flash\ Programmer
…
```

5. 建立辅助脚本文件

拷贝“mytinyos/support/make/cc2530/”目录下以下文件到“cctinyos/support/make/cc2530/”目录内：

✧ doc.extra：不是必须的，如果不需要对“make 平台名 docs”命令提供支持，可以不提供该扩展脚本。本例不提供该脚本。

✧ iar.py：一般需要编写此类文件，用于处理 nesC 编译形成的 C 语言文件中不符合 C 语言语法的注释。

✧ nescarg.pl：本例与 mytinos 平台一样使用的“nesc1”编译器而不是传统的“ncc”编译器程序，所以需要此类文件辅助找到“.platform”文件。

✧ install.extra：不是必须的，如果不需要将 nesC 程序下载到硬件平台上，可以不提供该扩展脚本。本例建议提供该脚本。

✧ Iar_TinyOS_Project.eww、Iar_TinyOS_Project.ewp：这两个文件用于为用户提供 IAR 工程模板实现本地化编译。

✧ inc 目录：此目录是 C 语言库头文件，一般要提供给用户。

其中，“nescarg.pl”文件需要稍加修改，代码如描述 4.D.3 nescarg.pl 所示(黑体加粗后代码是修改之后的)。

【描述 4.D.3】 nescarg.pl

```
#!/usr/bin/perl

$TOSDIR = $ENV{"TOSDIR"} if defined($ENV{"TOSDIR"});
$CCROOT = $ENV{"CCROOT"} if defined($ENV{"CCROOT"});
$platform_dir = "$CCROOT/tos";
$platform_dh = "$CCROOT/tos/platforms/cc2530/.platform" ;

$target="cctinyos";
...
```

6. 测试移植结果

继续使用 null 程序测试移植结果，命令执行情况如图 4-12 所示。

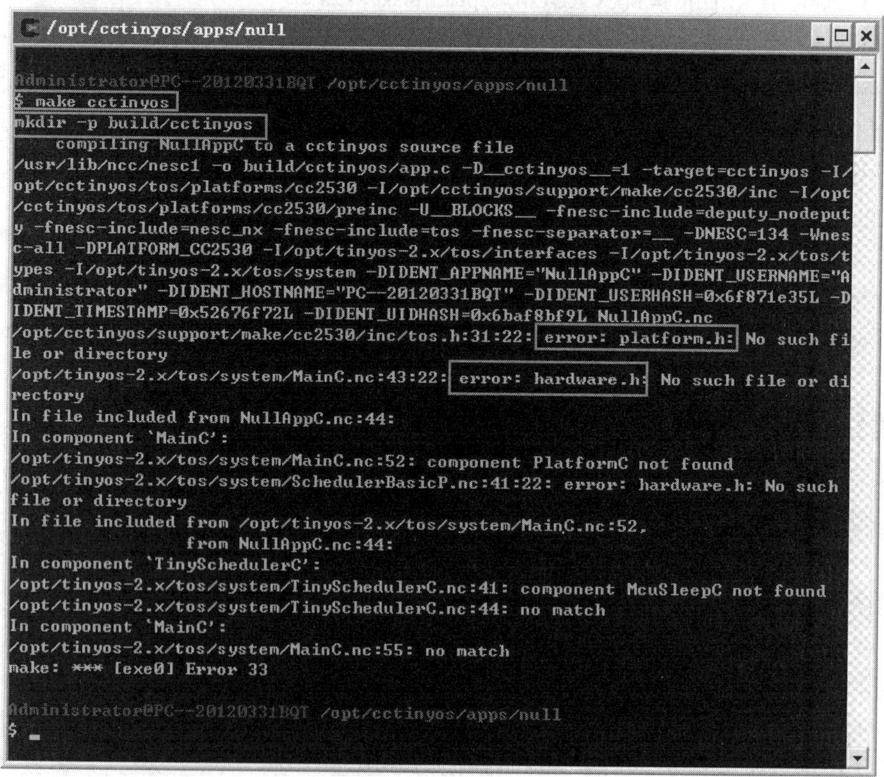

图 4-12 测试移植结果

从图 4-12 可以看出，“cc2530.rules”文件被 make 系统找到并解释执行，如“mkdir –p build/cctinyos”命令已经执行，并且提示“platform.h”和“hardware.h”文件未找到(这两个文件将在后面的例子中进行移植)。

4.4 tos目录

“平台目录名/tos/”目录一般有三个子目录(platforms、chips 和 lib)，它们用于存放移植好的平台代码和驱动代码以及功能库代码，它们大部分是 nc 文件，通过前述的 make 系统和 Makefile 文件参与用户 nesC 程序的编译。

这三个子目录的作用及相互关系如下：

✧ “platfoms”目录：存放平台代码，这些代码的运行要用到 chips 和 lib 目录例的文件代码。

✧ “chips”目录：一般存放芯片驱动代码(即第三章提到的硬件相关组件)，需要通过“.platform”脚本文件告诉编译器找到“chips”目录。

✧ “lib”目录：存放平台提供的功能库代码，有时也把驱动代码存放于此，需要通过“.platform”脚本文件告诉编译器找到“lib”目录。

因此，实际移植过程中，这三个子目录里的文件是交叉进行编辑或添加的。下面分别介绍它们的内容及移植过程中的注意事项。

4.4.1 platforms 目录

“tos/platforms/”目录下存放的是平台代码，该目录下的每个子目录对应一个硬件平台，如果发布的平台要同时对 CC2530 和 CC2430 提供支持，则该目录下要分别建立 CC2530 和 CC2430 子目录。在移植时要把相应硬件平台的代码放在该子目录下，以便前述的.rules 文件可以寻找到目录下的代码参与编译。

下面通过官方规定的组成平台代码的文件来了解一下平台代码的含义。平台代码至少要有以下文件组成：

✧ “.platform”文件：指定 nesC 编译器要搜索的芯片驱动、射频驱动、传感器、网络驱动等目录，以及为 TinyOS 的任务调度器指定要使用的组件。

✧ PlatformP.nc/PaltformC.nc 组件文件：提供初始化接口，以初始化芯片、射频、传感器等。

✧ hardware.h 文件：被 tos/system/MainC.nc 文件包含，用于定义一些与芯片相关的宏。

✧ platform.h 文件：被 tos.h 文件包含，主要用于定义实现系统启动的“platform_bootstrap”宏。

✧ 其他平台文件：如 ActiveMessageC(射频收发)、PlatformLedsC(LED 控制)等组件。

1. .platform 文件

“.platform”文件只有扩展名，该文件一般为固定格式(perl 脚本)，内容由用户根据需要修改。本书配套平台 mytinyos 的“.platform”文件内容如示例 4-6 所示。

【示例 4-6】 .platform

```
# vim:syntax=perl
```

```
#为 nesC 编译器指定搜索路径
push( @includes, qw(
   %P/chips/cc2530
   %P/chips/cc2530/radio
   %P/chips/cc2530/timer
   %P/chips/cc2530/uart
   %P/chips/cc2530/net
   %P/chips/cc2530/net/types
   %P/chips/cc2530/net/interfaces
   %P/lib/rfxlink/layers
   %P/lib/rfxlink/util
   %P/lib/net/dh
   %P/lib/timer
   %P/lib/serial
   %P/lib/net
   %P/lib/net/ctp
   %P/lib/net/4bitle


    %T/interfaces
    %T/types
    %T/system
) );

@opts = qw(
   -fnesc-no-debug
);

#通过命令行参数"-fnesc-scheduler"指定调度器要使用的组件(一般不需要修改)
push @opts,
"-fnesc-scheduler=TinySchedulerC,TinySchedulerC.TaskBasic,TaskBasic,TaskBasic,runTask,postTask" if !$with_scheduler_flag;
```

上述代码被前述"nescarg.pl"脚本解析，其中"%T"指 TinyOS 的安装目录(tinyos-2.x/tos)；"%P"指"发布平台/tos"目录。用户根据需要(如新增驱动目录等)编辑上述形如"%P/chips/cc2530"的目录条。

2. PlatformP.nc/PaltformC.nc 组件文件

PlatformP 和 PlatformC 组件提供 Init 接口的实现，负责将系统启动到可用状态，具体内容一般包括时钟校准、I/O 初始化或发布平台特别要求的其他初始化工作等。

✧ PlatformC，是配件，用于输出 Init 接口以供系统启动代码(RealMainP 模块)调用。

✧　PlatformP，是模块，具体实现 Init 接口。

本书配套平台 mytinyos 的 PlatformP 和 PlatformC 组件代码如示例 4-7 所示。

【示例 4-7】　PlatformP.nc、PlatformC.nc

```
/**
  * PlatformC.nc
  */
configuration PlatformC
{
  provides interface Init;
}
implementation
{
  components PlatformP;

  Init = PlatformP.Init;
}

/**
  * PlatformP.nc
  */
#include "cc2530.h"

module PlatformP
{
    provides interface Init;
}
implementation
{
    command error_t Init.init()
     {
         return SUCCESS;
     }
}
```

从上述代码可以看出命令函数 Init.Init( )的函数体是空，用户可以根据需要在函数内增加自己的平台初始化代码。

3. hardware.h 文件

“hardware.h”文件一般通过包含一个芯片特定的头文件(如 cc2530hardware.h 文件，移植时需要用户来实现)，以定义一些与芯片相关的宏。本书配套平台 mytinyos 的“hardware.h”文件代码如示例 4-8 所示。

【示例 4-8】 hardware.h

```
#ifndef HARDWARE_H
#define HARDWARE_H

#include "cc2530hardware.h"

#ifndef MHZ
  #define MHZ 16
#endif

#ifndef PLATFORM_BAUDRATE
enum
{
        PLATFORM_BAUDRATE = 57600L
};
#endif

#endif
```

4. platform.h 文件

一般情况下，“platform.h”文件首先包含芯片特定的头文件，然后实现“platform_bootstrap”宏定义，该宏被系统的 RealMainP 模块调用以启动平台。本书配套平台 mytinyos 的“platform.h”文件代码如示例 4-9 所示。

【示例 4-9】 platform.h

```
#include "stdio.h"
#include "cc2530hardware.h"

/* set clock to 32MHz */

#define platform_bootstrap() {    \
      CLKCONCMD = 0x00;           \
      while (CLKCONSTA != 0x00);\
}
```

5. 其他平台代码

主要是指一些与硬件接口层(HIL 层)代码，例如 ActiveMessageC 和 PlatformLedsC 组件等。

4.4.2 chips 目录

“tos/chips/”目录下按照芯片类型组织目录存放芯片的驱动程序，如图 4-13 所示是在

Editplus 软件下看到的本书配套平台 mytinyos 的 chips 目录。

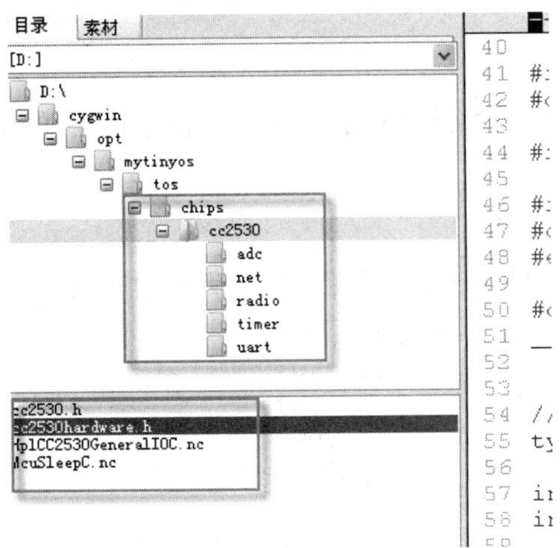

图 4-13　tos/chips 目录

图 4-13 中的“chips/cc2530/”目录下的 adc、net、radio、timer、uart 分别是模数转换、网络、射频、定时器、串口的驱动程序目录。关于驱动程序的编写请参考本书实践 3。

从图 4-13 可以看出，在“chips/cc2530/”目录下除了驱动程序目录外还有其他一些重要文件，其中以下两个文件是官方推荐需要移植的：

✧　CC2530hardware.h：也称 mcuXhardware.h 文件，该文件被前述 hardware.h 文件包含，用于定义一些与特定芯片相关的宏，例如开启胡关闭总中断等。

✧　McuSleep.c：提供接口实现低功耗功能，以便 TinyOS 调用。

注意，若需要上述目录被编译器搜索，需要将它们加入前述“.platform”文件。

4.4.3　lib 目录

“tos/lib/”目录下用于存放平台提供的其他功能应用(也叫通用子系统)，如线程(tosthreads)、仿真(tossim)、网络(net)等。如图 4-14 所示是在 Editplus 软件下看到的本书配套平台 mytinyos 的 lib 目录。

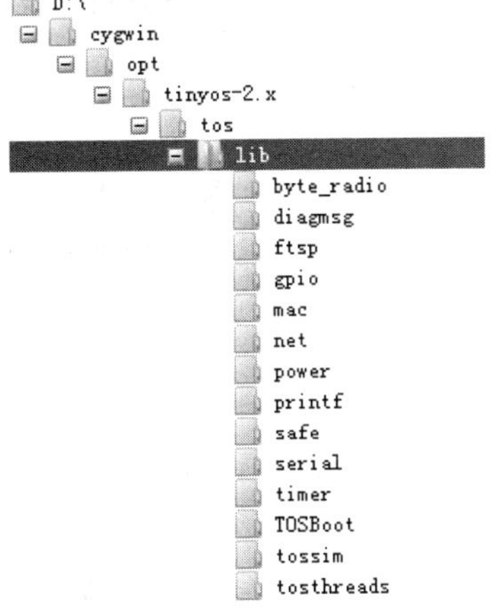

图 4-14　tos/lib 目录

注意，若需要上述目录被编译器搜索，需要将它们加入前述“.platform”文件。

4.4.4 移植实例

本小节内容用于实现任务描述 4.D.4，在任务描述 4.D.3 的基础上，建立 cctinyos 平台 tos 目录里的内容。

1. 建立 tos 目录的子目录

在“opt/cctinyos/tos/”目录下建立如图 4-15 所示的子目录。

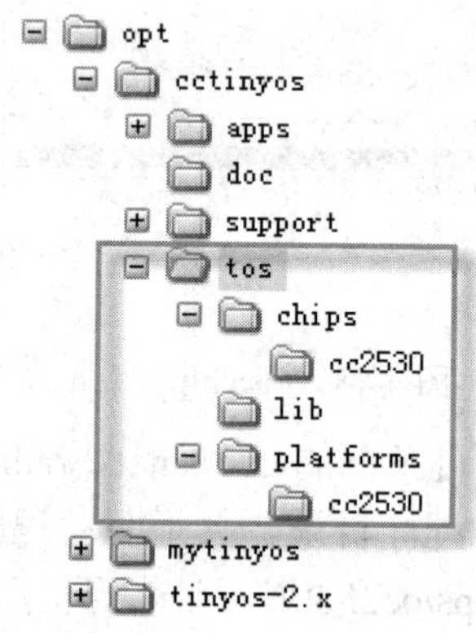

图 4-15 tos 子目录建立

2. 建立“tos”目录下的文件

tos 目录下的文件涉及大量的驱动程序代码，因此，是整个移植过程中的重点和难点。由于本章的重点在于讲解移植的基本原理和过程，这里就简单地将 mytinyos 平台下“tos”目录下的相关代码直接复制过来。复制完毕后的结果如图 4-16 所示。

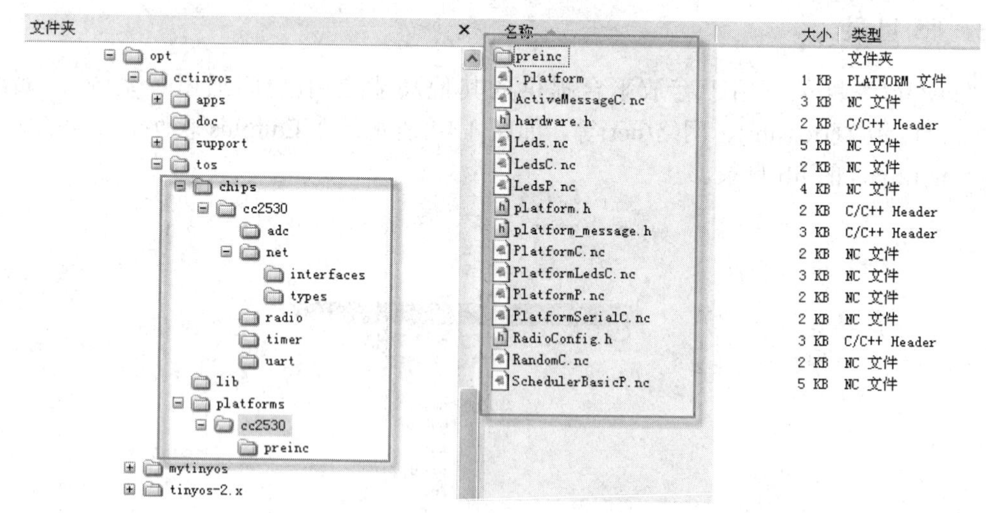

图 4-16 复制后的 tos 目录下的文件

3. 测试移植结果

继续使用 null 程序测试移植结果，在命令行上执行“make cctinyos”，若出现如图 4-17 所示的执行结果，则表示移植基本成功。详细的测试还需要继续编写复杂的程序(如访问各类硬件资源的测试用例)进行测试。

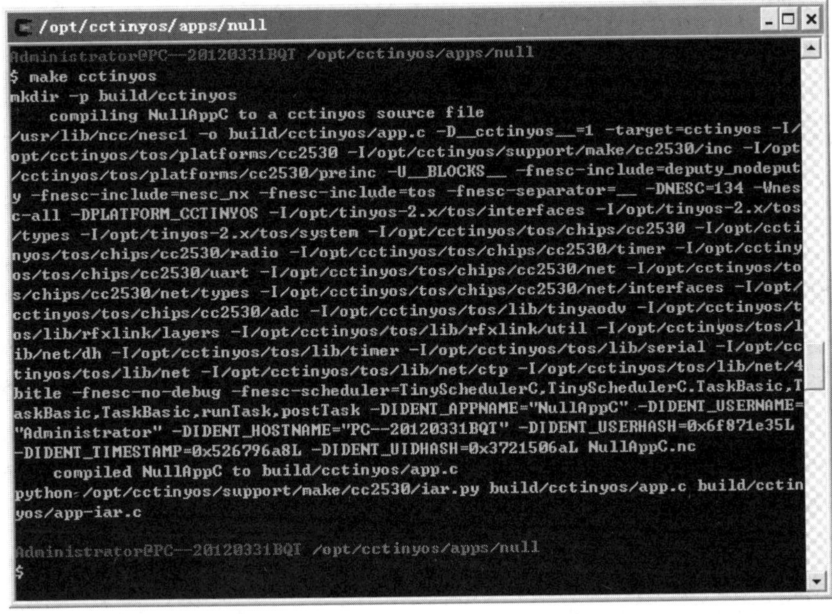

图 4-17　测试最终移植结果

4.5　doc 目录

“平台目录名/doc/”目录两个作用：

✧　存放发布平台的用户使用文档，建议用芯片名在此目录下建立子目录存放该类文档。

✧　存放 nesdoc 工具所产生的“可视化组件关系视图”html 文档，一般是以“doc/nesdoc/程序名/”目录形式进行组织，如图 4-18 所示。

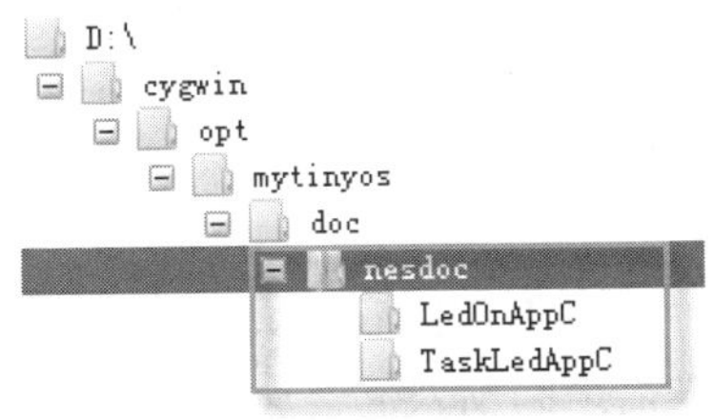

图 4-18　doc/nesdoc 目录

4.6　apps 目录

“平台目录名/doc/”目录是官方建议的用户程序存放目录，平台发布时平台所带样例也存于此目录。用户大部分情况下在此目录内工作。

小 结

通过本章的学习，应该能够了解到：

◆ 平台移植完毕的结果就是，用户可以在该平台上基于它支持的硬件进行 TinyOS 应用程序开发。

◆ 平台(platform)是硬件设备以及运行在硬件设备上的可以给用户提供二次开发功能的软件和硬件总称。

◆ TinyOS 规定，变量“MAKERULES”是由用户作为环境变量定义，并且指向 TinyOS 系统提供的 Makerules 文件。

◆ “平台目录名/support/”目录用于存放为编译工具链提供支持的编译脚本文件。

◆ “芯片名.rules”文件简称“.rules”文件，本质上是一个 Makefile 文件脚本，被“平台名.target”文件调用而后由 make 解析执行。

◆ “docs.extra”文件对“make 平台名 docs”命令提供支持，即调用 nesdoc 程序为程序生成可视化关系视图。

◆ “install.extra”文件通过重新定义 BUILD_DEPS 变量作为新的 make 目标，以实现 nesC 程序本地编译以及下载。

◆ “平台目录名/tos/”目录一般有三个子目录(platforms、chips 和 lib)，它们用于存放移植好的平台代码和驱动代码以及功能库代码。

练 习

1．下列关于 TinyOS 平台目录叙述正确的是________。

A．“support/make/”目录存放的是平台代码

B．“tos/platform”目录存放的是编译脚本

C．平台的驱动代码一般存放在“tos/chips”目录

D．平台的设置环境变量的启动脚本存在“apps”目录下

2．关于 TinyOS 的 make 系统工作流程叙述错误的是________。

A．应用程序目录下的 Makefile 文件是 make 首先要解析的脚本

B．变量“MAKERULES”是由用户定义的

C．Makerules 文件是由 TinyOS 提供给 make 编译用户程序使用的

D．环境变量“TOSDIR”指向新发布平台的目录

3．简述“.target”、“.rules”和“.platform”文件的作用。

第 5 章　TinyOS 应用开发

本章目标

- 熟悉 TinyOS 的编程方法
- 了解串口通信的相关组件和接口
- 了解通过 PlatformSerialC 组件进行串口通信
- 了解串口协议数据帧结构
- 了解射频通信的相关组件和接口
- 掌握 TinyOS 的点对点通信方法
- 了解 ADC 相关组件及接口
- 掌握通过 ADC 采集光敏信息的方法

学习导航

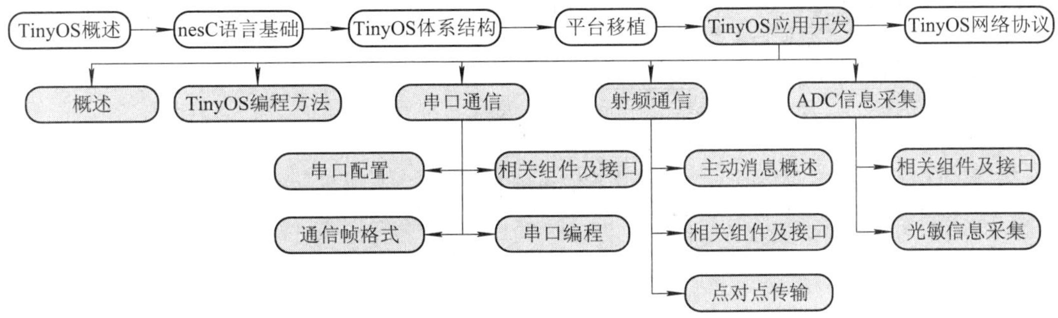

任务描述

➢【描述 5.D.1】

编写一个程序，使用 PlatformSerialC 组件实现 CC2530 与 PC 机的串口通信。

➢【描述 5.D.2】

编写一个程序，使用 TinyOS 串口协议实现 CC2530 与 PC 机的串口通信，并分析其数据帧结构。

➢【描述 5.D.3】

编写一个程序，使用两个 CC2530 节点进行点对点通信，并通过数据的发送和接收控制 LED 闪烁。

➢【描述 5.D.4】

编写一个程序，通过控制 CC2530 的 ADC 进行光敏的采集，并通过串口传输到 PC 机。

5.1 概述

TinyOS 应用开发是学习 TinyOS 的核心，是直接面向用户的，本章将从以下两个方面讲解 TinyOS 的开发技术：

✧ TinyOS 的编程方法：包括在 TinyOS 开发过程中所使用的与平台相关的硬件资源的编程方法以及与平台相关的应用编程方法。

✧ TinyOS 特殊的实例编程：包括基于 CC2530 的串口通信、无线射频的点对点通信和 CC2530 芯片 ADC 的信息采集。

5.2 TinyOS 编程方法

由于 TinyOS 的体系结构采用分层式结构，因此 TinyOS 的编程的基本思想也基于分层结构，即上层调用下层，其分层结构大致可以分为底层驱动层、中间层和应用层，其结构如图 5-1 所示。

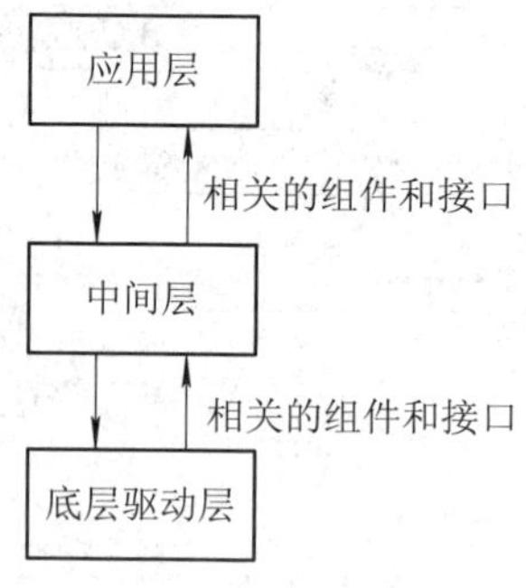

图 5-1 TinyOS 编程分层结构

图 5-1 中各层的说明如下：

✧ 底层驱动层：包括与平台相关的各个芯片的驱动、寄存器及其他外设的配置。一般与硬件资源紧密相关。大多为硬件抽象层组件。

✧ 中间层：包括与平台无关的程序，通过相关的组件和接口来调用底层的驱动，并向上提供组件和接口，供应用层的调用。该层大多为综合硬件组件和高层硬件组件。

✧ 应用层：是直接面向用户的一层，用户可以在应用层通过调用中间层的组件和接口来编写程序，以实现用户需要的功能。

由于本书采用的 TinyOS 操作系统平台中已经提供了一些库文件(包括组件和接口)，在应用层编程时，可以直接调用此库文件。因此本节将重点讲解应用层的编程。

TinyOS 应用编程方法遵循 nesC 语言的编程方法，并且部分程序采用 nesC 语言与 C 语言进行交叉编程。在一个具体的项目中，应用层编程过程中一般要做以下工作：

- ✧ 根据对项目的分析，确定程序所要完成的功能。
- ✧ 根据功能，分析应用层所需要的组件和接口，并且确定应用程序的顶层配件、核心应用模块的内容。
- ✧ 根据需要绑定组件，完成调用关系。
- ✧ 按照分析得到的组件和接口分别编写 nc 文件。
- ✧ 编译、下载以及测试程序。

5.3 串口通信

本节将讲解 TinyOS 操作系统的 CC2530 与 PC 机串口通信，包括 CC2530 串口的配置、串口通信相关组件及接口的使用以及 TinyOS 操作系统下串口通信协议的分析。另外本节还通过两个串口的实例讲解串口的用法。

5.3.1 串口配置

在 TinyOS 操作系统中，平台采用的芯片配置同样由组件和接口来完成。本书中采用 CC2530 的串口 0 进行传输，完成 CC2530 串口相关配置的组件为底层组件 HplCC2530UartP 组件。HplCC2530UartP 组件位于“cygwin\opt\mytinyos\tos\chips\cc2530\uart\”目录中，其主要代码如代码 5-1 所示。

【代码 5-1】 HplCC2530UartP.nc

```
module HplCC2530UartP
{
    //串口初始化接口
    provides interface Init as Uart0Init;
    //TX 控制接口
    provides interface StdControl as Uart0TxControl;
    //RX 控制接口
    provides interface StdControl as Uart0RxControl;
    //串口发送接收设置接口
    provides interface HplCC2530Uart as HplUart0;
    uses interface McuPowerState;
}
```

在 HplCC2530UartP 文件中对串口进行初始化，并且设置了用户所需要的波特率。在本节内容中，将波特率设置为 57600，具体代码如代码 5-2 所示。

【代码 5-2】 HplCC2530UartP.nc

```
/*串口的初始化*/
    command error_t Uart0Init.init()
    {
        //采用串口备用位置 1
        PERCFG &= ~0x01;
        //选择 P0 口作为串口
        P0SEL = 0x3c; // 0011 1100
        //采用 UART 模式，接收使能
        U0CSR |= 0x80 | 0x40;
        /*串口波特率的设置采用 57600*/
        U0GCR = 0x0b;
        U0BAUD = 216;
        return SUCCESS;
    }
```

5.3.2 通信帧格式

TinyOS 2.x 为串口通信提供了专用通信协议，即 HDLC 协议帧，其以 0x7e 作为帧分隔字符，0x7d 作为转义字符。在 TinyOS 2.x 的串口通信组件中维护了 10 个状态位，接收路径和发送路径各有一个状态位，用于表示是否使用转义符(有关 HDLC 帧格式以及相关内容请参照实践 4 的知识拓展)。

TinyOS 2.x 串口协议数据帧具体格式如图 5-2 所示。

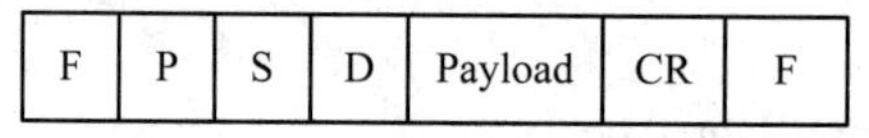

图 5-2 串口协议数据帧格式

其中，各部分说明如下：

✧ F：帧字节，表示数据包开始，一般固定为 0x7e。

✧ P：协议字节，主要功能是体现数据协议控制字节。

✧ S：序列字节，此字节可有可无，本书中的通信协议中没有序列字节。

✧ D：包格式的分派字节，主要功能是处理数据字节和分隔符。

✧ Payload：数据包的有效载荷，包括目的地址、源地址、消息长度、组 ID 以及需要传输的数据。

✧ CR：两个字节的 CRC 校验码。

✧ F：帧字节，表示数据包结束，一般固定为 0x7e。

5.3.3 相关组件及接口

TinyOS 2.x 版本的串口协议栈可以划分为 5 个功能组件，自底层至上层分别是原始串口组件、编码/装帧组件、协议组件、分派组件和用户接口组件。其组件关系如图 5-3 所示。

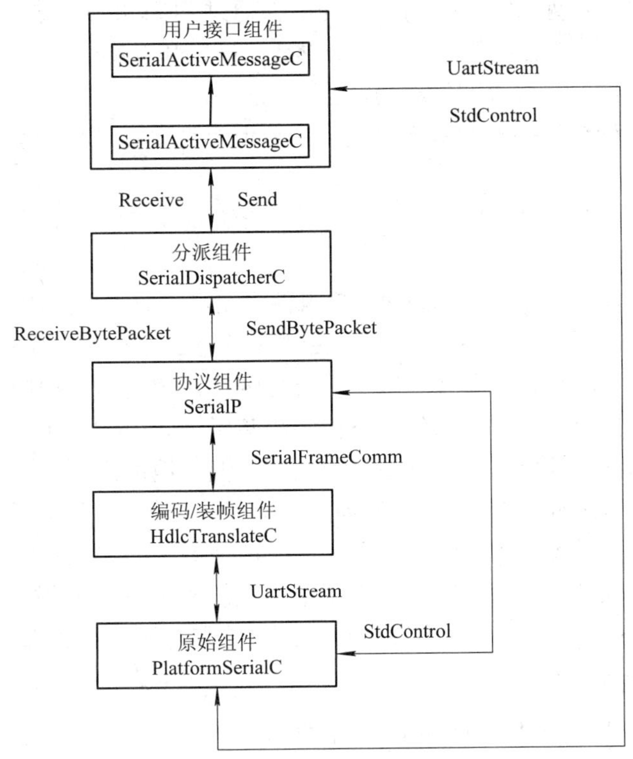

图 5-3　串口组件关系

由图 5-3 可知，用户在编程时可以用以下两种方式实现串口通信。

✧ 直接调用串口底层通信组件“PlatformSerialC”进行串口传输：即用户接口组件直接调用原始组件实现串口的通信，此种串口通信可以直接实现硬件平台与 PC 机的通信，传输的数据即硬件平台输出的数据。本书中任务 5.D.1 即为直接调用原始组件进行串口通信。

✧ 使用官方推荐的 TinyOS 串口通信协议进行串口传输：即调用用户接口组件 SerialActiveMessageC，该组件将按照 TinyOS 串口协议依次调用分派组件、协议组件、编码/装帧组件和原始组件实现串口通信。此种串口通信符合 TinyOS 串口通信协议，PC 机最终显示的数据为符合串口通信通信协议的数据帧。本书中任务 5.D.2 实现了此种串口通信方式。

串口通信协议各个组件说明如下：

✧ 原始组件：主要是 PlatformSerialC 组件，此组件是串口协议的底层组件，是一个硬件接口层组件，主要功能是收发字节以及刷新串口缓冲区，并且调用下层组件用于配置串口。

✧ 编码/装帧组件：主要是 HdlcTranslateC 组件，它建立在原始串口之上，通过 UartStream 接口与 PlatformSerialC 组件相连接。根据串口协议的编码规则，该组件将原始数据的字节格式转换为数据包格式。编码/装帧组件假设有两种类型的字节：分隔符和数据字节，分别用不同的事件告知上层的协议组件。

✧ 协议组件：即 SerialP 组件，此组件通过 SerialFreamComm 接口向下调用 HdlcTranslateC 组件，并向上层提供 SendBytePacket 接口和 ReceiveBytePacket 接口。

此组件的工作分为接收和发送两部分。

- 如果协议组件接收到数据包就会向分派组件发送开始信号，并附上接收到的数据字节作为参数；
- 当数据包接收完毕时，协议组件就会发送完成的信号给分派组件，并告知 CRC(循环冗余校验)的结果。

✧ 分派组件：即 SerialDispatcherC 组件，此组件向上层的用户接口组件提供 Send 接口和 Receive 接口，并通过 SendBytePacket 接口和 ReceiveBytePacket 接口调用下层的协议组件。此组件主要功能是处理数据包字节与分隔符，负责将数据读入 message_t 并告知上层组件数据包已接收完毕。分派组件支持多种基于 message_t 的包格式，因此需要知道数据的包头大小，并计算出有效数据在串口包中的偏移地址。

✧ 用户接口组件：即 SerialActiveMessageC 组件，此组件是直接面向用户的，在编写程序时可以直接调用。在实现过程中可以将 SerialActiveMessageC 组件绑定至 SerialActiveMessageP 组件具体实现串口通信。在编程的过程中用户直接调用用户接口组件即可，在 TinyOS 系统中会自动实现用户接口组件和下层组件的绑定过程。

1. 原始串口组件

在 TinyOS 2.x 版本中原始串口组件为串口的硬件接口层组件，位于平台目录 tos/platforms 下。一般情况此组件的命名与平台相关，不同的平台命名方式不同。本书以 mytinyos 平台为例讲解。

原始串口组件在 mytinyos 平台中名为 PlatformSerialC，其位于“mytinyos\tos\platforms\cc2530”目录下。在项目的开发过程中，可以调用此组件通过串口直接将硬件平台的数据输出至 PC 机，即数据并没有被 TinyOS 封装成串口数据帧格式。此组件提供的接口如代码 5-3 所示。

【代码 5-3】 PlatformSerialC.nc

```
configuration PlatformSerialC
{
    provides interface StdControl;
    provides interface UartStream;
    provides interface UartByte;
}
```

其中各个接口的作用如下：

✧ StdControl：开启串口。

✧ UartStream：控制发送接收字节。

✧ UartStream：发送和接收字节流。

以下内容将实现任务描述 5.D.1，使用 PlatformSerialC 组件实现 CC2530 与 PC 机的串口通信。按照 TinyOS 的编程方法，首先要编写主组件与顶层配件，其次编写其他组件与 Makefile 文件。

此任务中需要完成以下工作：

✧　首先在“mytinyos/apps”目录下新建一个名为 DhSerial 的文件夹。

✧　其次，在 DhSerial 文件夹创建顶层配件 DhSerialAppC，核心应用模块命名为 DhSerialC.nc，在核心应用模块组件中使用 PlatformSerialC 中的接口进行串口传输。

✧　最后编写 Makefile 文件。

✧　编译程序，下载至设备中，连接串口，观察现象。

(1) 创建 DhSerial 文件夹。

打开 Cygwin，在“mytinyos/apps”目录下，输入 mkdir DhSerial，创建文件夹，具体操作如图 5-4 所示。

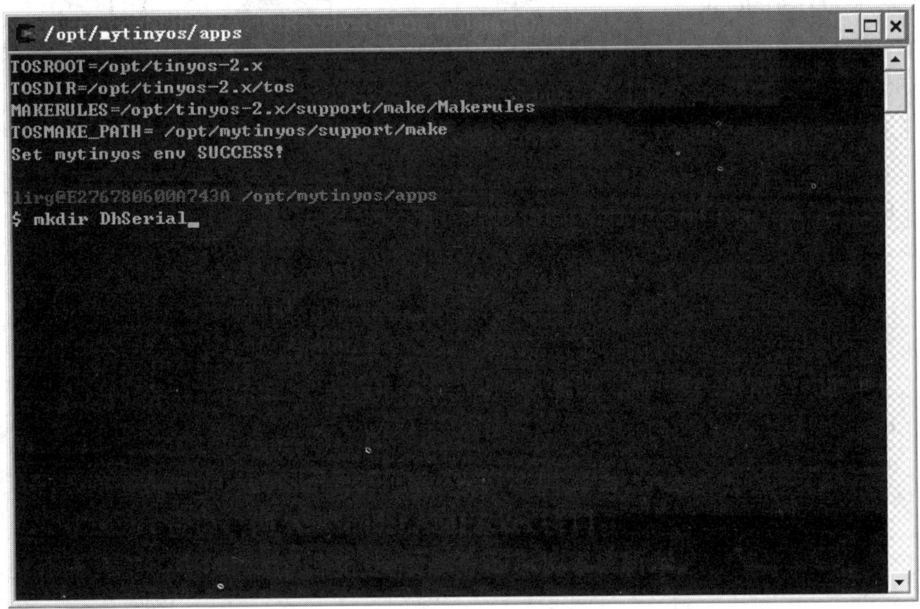

图 5-4　创建 DhSerial 文件夹

(2) 创建 DhSerialAppC.nc。

DhSerialAppC.nc 为整个任务的顶层配件组件，在此组件中实现了组件之间的绑定关系。其具体代码如描述 5.D.1　DhSerialAppC.nc 所示。

【描述 5.D.1】　DhSerialAppC.nc

```
configuration DhSerialAppC
{

}
implementation
{
    components DhSerialC;
    components MainC;
    DhSerialC.Boot -> MainC.Boot;
```

```
        components PlatformSerialC;
        DhSerialC.StdControl -> PlatformSerialC.StdControl;
        DhSerialC.UartStream -> PlatformSerialC.UartStream;
    }
```

在此组件中主要做了以下两个工作：

✧ 在此组件中将 DhSerialC 组件的启动接口与系统的系统的启动接口绑定在一起，当系统启动时将调用 DhSerialC 组件的启动接口，使整个程序启动起来。

✧ 将 DhSerialC 组件的与串口相关的接口绑定到 PlatformSerialC 组件上，以便于进行串口的传输。

(3) 创建 DhSerialC.nc。

DhSerialC.nc 组件是整个任务的核心应用模块，在此组件中通过 UartStream 接口实现了 CC2530 与 PC 机的串口通信，具体代码如描述 5.D.1 DhSerialC.nc 所示。

【描述 5.D.1】 DhSerialC.nc

```
module DhSerialC
{    uses
     {    interface Boot;
          interface StdControl;
          interface UartStream;
     }
}
implementation
{    uint8_t m_send_buf[100];

void showMenu()
     {    strcpy(m_send_buf,"qing dao dong he xin xi ");
          //通过 UartStream.send 可以发送字节数据
          call UartStream.send(m_send_buf, strlen(m_send_buf));
     }
     /*启动事件处理函数*/
     event void Boot.booted()
     {    call StdControl.start();
          showMenu();
     }

     async event void UartStream.sendDone(uint8_t *buf, uint16_t len, error_t error)
     {
     }

     /** 重新发送刚才接收的字符进行回显*/
```

```
        task void showMenuTask()
        {       showMenu();
        }

        /** 如果没有调用 receive 接收，则每接收到一个数据就会触发此事件*/
        async event void UartStream.receivedByte(uint8_t byte)
        {
        }

        /*在接收完 receive 命令欲接收的长度后会调用此事件*/
        async event void UartStream.receiveDone(uint8_t *buf, uint16_t len, error_t error)
        {
        }
    }
```

(4) 编写 Makefile 文件。

在 Makefile 文件中指明任务的顶层配件，并规定编译规则，其具体代码如描述 5.D.1 Makefile 文件所示。

【描述 5.D.1】 Makefile 文件

```
COMPONENT=DhSerialAppC
CFLAGS += -I$(TOSDIR)/lib/T2Hack
include $(MAKERULES)
```

(5) 实验结果。

将设备通过串口线连接至 PC 机，将程序编译下载至设备中，打开串口，将波特率配置为 57600，按下复位按键，可以观察到 CC2530 向 PC 机通过串口传送“qing dao dong he xin xi ”的字符串。实验结果如图 5-5 所示。

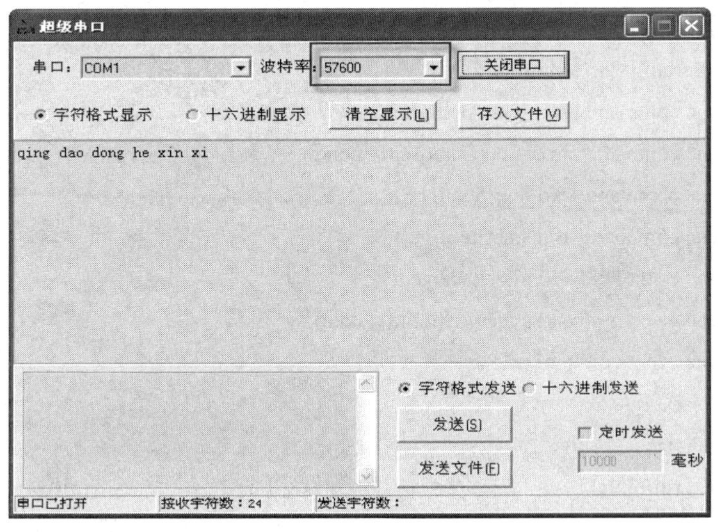

图 5-5　任务描述 5.D.1 实验结果

注意：调用 PlatformSerial 组件进行串口通信并不是 TinyOS 官方推荐的做法，官方推荐将数据打包成符合串口通信协议数据帧来进行串口通信，但是在一些必要的项目开发过程中可以使用此组件进行串口通信。

2. 编码/装帧组件

编码装帧组件是通过 HdlcTranslateC 组件来实现的，此组件主要负责串口协议的中的起始和结束帧字节 F。HdlcTranslateC 组件位于“cygwin\opt\mytinyos\tos\lib\serial”目录下，其主要代码如代码 5-4 所示。

【代码 5-4】 HdlcTranslateC.nc

```
module HdlcTranslateC
{
  provides interface SerialFrameComm;
  uses {
    interface UartStream;
    interface Leds;
  }
}
```

HdlcTranslateC 组件主要实现了以下功能：

✧ 在 HdlcTranslateC 组件中向上层提供了 SerialFrameComm 接口，在 SerialFrameComm 接口完成了一个串口数据帧的装帧任务，即在数据帧头和帧尾添加开始和结束帧字节 F(0x7e)。

✧ 向下层调用 PlatformSerialC 组件提供的 UartStream 接口完成串口传输。

其组件关系图如图 5-6 所示。

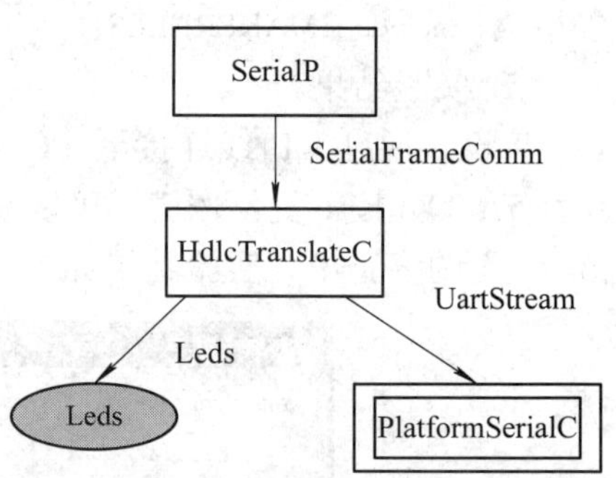

图 5-6 HdlcTranslateC 组件关系图

SerialFrameComm 接口用于分隔协议数据帧，其中 SerialFrameComm 接口的具体代码如代码 5-5 所示。

【代码 5-5】 SerialFrameComm.nc

```
interface SerialFrameComm
{     async command error_t putDelimiter();
      async command error_t putData(uint8_t data);
      async command void resetSend();
      async command void resetReceive();
      async event void delimiterReceived();
      async event void dataReceived(uint8_t data);
      async event void putDone();
}
```

其主要用法如下：

✧ 当 HdlcTranslateC 组件接收到一个分隔符时，触发 SerialFrameComm 接口的 delimiterReceived 事件。

✧　当 HdlcTranslateC 组件收到一个转义符时，置位 receiveEscape 状态位。

✧　当接收到其他字节时，先检测 receiveEscape 位是否已被置位。如果状态位已经置位，则数据字节与 0x20 进行异或处理并清除 receiveEscape 位，然后触发 dataReceived 事件。

3. 协议组件

协议组件是通过 SerialP 组件来实现的，此组件主要用来实现串口通信协议的协议字节和 P 和序号字节 S，本书中的协议字节取值为 Serial.h 文件中的 SERIAL_PROTO_PACKET_NOACK。

SerialP 组件位于“mytinyos\tos\lib\serial”目录下，其主要代码如代码 5-6 所示。

【代码 5-6】　SerialP.nc

```
module SerialP {
	provides
	{	interface Init;
		interface SplitControl;
		interface SendBytePacket;
		interface ReceiveBytePacket;
	}
	uses
	{	interface SerialFrameComm;
		interface Leds;
		interface StdControl as SerialControl;
		interface SerialFlush;
	}
}
```

SerialP 组件提供两个面向字节的接口，即 SendBytePacket 接口和 ReceiveBytePacket 接口，分别用于数据的发送和接收。

✧　从节点发送到主机时，SerialP 组件负责封装上层组件(分派组件)的数据包。上层组件通过调用 SendBytePacket 接口的 startSend 命令来初始化数据包的发送工作。

✧　从主机发送到节点时，即节点处于接收状态，上层组件通过调用 ReceiveBytePacket 接口接收数据。

4. 分派组件

分派组件是通过 SerialDispatcherC 组件来实现的，SerialDispatcherC 组件负责处理协议组件接收到的数据包，它通过 SerialDispatcherP 组件使用 SerialP 组件提供的 SendBytePacket 接口和 ReceiveBytePacket 接口，并提供带参数的 Send 接口和 Receive 接口。这两个接口的参数为串口协议的包格式分派字节 D，它决定了 message_t 中的数据包格式。SerialDispatcherC 组件位于“mytinyos/tos/lib/serial”目录下，代码如代码 5-7 所示。

【代码 5-7】　SerialDispatcherC.nc

```
configuration SerialDispatcherC
{	provides
```

```
    {    interface Init;
         interface SplitControl;
         interface Receive[uart_id_t];
         interface Send[uart_id_t];
    }
    uses
    {    interface SerialPacketInfo[uart_id_t];
         interface Leds;
    }
}
implementation
{
   components SerialP, new SerialDispatcherP(),
      HdlcTranslateC,
      PlatformSerialC;
   Send = SerialDispatcherP;
   Receive = SerialDispatcherP;
   SerialPacketInfo = SerialDispatcherP.PacketInfo;
   SplitControl = SerialP;
   Init = SerialP;
   Leds = SerialP;
   Leds = SerialDispatcherP;
   Leds = HdlcTranslateC;
   SerialDispatcherP.ReceiveBytePacket -> SerialP;
   SerialDispatcherP.SendBytePacket -> SerialP;
   SerialP.SerialFrameComm -> HdlcTranslateC;
   SerialP.SerialControl -> PlatformSerialC;
   HdlcTranslateC.UartStream -> PlatformSerialC;
}
```

通过上述代码可以看出，SerialDispatcherC 组件连接到了前述原始串口组件 PlatformSerialC。另外 SerialDispatcherC 组件经过 SerialP 组件收发的数据包中放置了一个字节的包头，即包格式标识符。其具体值采用 SerialDispacherC 组件的 uart_id_t 参数值 TOS_SERIAL_ACTIVE_MESSAGE_ID。

通过带参数的 SerialPacketInfo 接口、SerialDispatcherC 组件能够处理各种各样的数据包格式，SerialPacketInfo 接口具体代码如代码 5-8 所示。

【代码 5-8】 SerialPacketInfo.nc

```
interface SerialPacketInfo
{    async command uint8_t offset();
     async command uint8_t dataLinkLength(message_t* msg, uint8_t upperLen);
```

```
    async command uint8_t upperLength(message_t* msg, uint8_t dataLinkLen);
}
```

其中此命令的各个接口的功能描述如下：

✧ offset()：获得包头在 message_t 中的偏移量。

● 发送数据时：SerialDispatcherC 组件先发送数据包类型，然后再导出数据字节，起始位置由调用 offest()函数获得的索引值确定。

● 接收数据时：当 SerialDisPatcherC 组件收到由 SerialP 组件发出第一个字节时，先将其保存为数据包类型，同时调用 offSet()命令以便在 message_t 中确定偏移量，然后将数据字节导入并填充到 message_t 的缓冲区。

✧ dataLinkLength()：根据已知 upperLen，获得下层传输的 dataLinkLen，等于 upper Len+包头大小。

✧ upperLength()：根据已知 upperLen，获得下层传输的 dataLinkLen，等于 upperLen+包头大小。

5. 用户接口组件

在实际编程时，官方推荐使用 SerialActiveMessageC 组件进行串口编程。Serial ActiveMessageC 组件是一个平台无关的主动消息组件，工作在串口通信协议栈之上，它是一个配件，将 SerialActiveMessageP 组件连接到 SerialDispatcherC 组件(最终再连接到原始串口组件 PlatformSerialC)。

SerialActiveMessageP 组件是一个通用组件，因此可用于各种数据包级的通信层之上，在此组件中可以根据需要是否设定发送信息的源地址、目的地址及组号。

(1) SerialActiveMessageC.nc。

SerialActiveMessageC 组件位于“mytinyos\tos\lib\serial”目录下，其具体代码如代码 5-9 所示。

【代码 5-9】　SerialActiveMessageC.nc

```
#include "Serial.h"
configuration SerialActiveMessageC
{	provides
	{	interface SplitControl;
		interface AMSend[am_id_t id];
		interface Receive[am_id_t id];
		interface Packet;
		interface AMPacket;
		interface PacketAcknowledgements;
	}
	uses interface Leds;
}
implementation
{	components new SerialActiveMessageP() as AM, SerialDispatcherC;
```

```
        components SerialPacketInfoActiveMessageP as Info, MainC;
        MainC.SoftwareInit -> SerialDispatcherC;
        Leds = SerialDispatcherC;
        SplitControl = SerialDispatcherC;
        AMSend = AM;
        Receive = AM;
        Packet = AM;
        AMPacket = AM;
        PacketAcknowledgements = AM;
        AM.SubSend -> SerialDispatcherC.Send[TOS_SERIAL_ACTIVE_MESSAGE_ID];
        AM.SubReceive -> SerialDispatcherC.Receive[TOS_SERIAL_ACTIVE_MESSAGE_ID];
        SerialDispatcherC.SerialPacketInfo[TOS_SERIAL_ACTIVE_MESSAGE_ID] -> Info;
}
```

此组件将 SerialPackerInfoActiveMessageP 组件连接到 SerialDispatcherC 组件，其中 SerialDispatcherC 组件的 uart_id_t 参数是 TOS_SERIAL_ACTIVE_MESSAGE_ID，其定义在 serial.h 文件中，定义如代码 5-10 所示。

【代码 5-10】 serial.h

```
#ifndef SERIAL_H
#define SERIAL_H
#include "AM.h"
typedef uint8_t uart_id_t;
enum
{       //包格式分派字节
        TOS_SERIAL_ACTIVE_MESSAGE_ID = 0,
        TOS_SERIAL_CC1000_ID = 1,
        TOS_SERIAL_802_15_4_ID = 3,
        TOS_SERIAL_UNKNOWN_ID = 255,
};
```

(2) SerialActiveMessageP.nc。

SerialActiveMessageP 组件位于“mytinyos\tos\lib\serial”目录下，其具体代码如代码 5-11 所示。

【代码 5-11】 SerialActiveMessageP.nc

```
#include <Serial.h>
generic module SerialActiveMessageP ()
{       provides
        {       interface AMSend[am_id_t id];
                interface Receive[am_id_t id];
                interface AMPacket;
                interface Packet;
```

```
                interface PacketAcknowledgements;
        }
            uses
            {   interface Send as SubSend;
                interface Receive as SubReceive;
            }
        }
        implementation
        {
            serial_header_t* ONE getHeader(message_t* ONE msg)
            {
                return  TCAST(serial_header_t*  ONE,  (uint8_t*)msg  +  offsetof(message_t,  data)  -
    sizeof(serial_header_t));
            }

            serial_metadata_t* getMetadata(message_t* msg)
            {
                return (serial_metadata_t*)(msg->metadata);
            }
            command error_t AMSend.send[am_id_t id](am_addr_t dest,
                                        message_t* msg,
                                        uint8_t len)
            {   serial_header_t* header = getHeader(msg);
                if (len > call Packet.maxPayloadLength())
                {           return ESIZE;
                }
                header->dest = dest;
                /*为了防止通信有问题，找到更好的解决办法，暂时不设定源地址和组 ID*/
                //header->src = call AMPacket.address();
                //header->group = TOS_AM_GROUP;
                header->type = id;
                header->length = len;
                return call SubSend.send(msg, len);
            }
```

在此组件中设定了串口通信消息的头部格式，即目的地址、源地址、组 ID、长度、消息类型。但是由于串口传输还不是很完善，因此 TinyOS 开发组为了找到较好的通信方案，可以先不赋予消息的源地址和组 ID 号(当不赋予消息的源地址时和组 ID 时，源地址将使用返回的 0x0000 和 0x00 分别作为源地址和组 ID)。

5.3.4 串口编程

以下内容将实现任务描述 5.D.2，使用 TinyOS 串口协议实现 CC2530 与 PC 机的串口通信，并分析其数据。完成此任务中需要完成以下工作：

✧ 首先在 mytinyos/apps 目录下新建一个名为 TestSerial 的文件夹(参照任务 5.D.1)。

✧ 其次在 TestSerial 文件夹创建顶层配件 TestSerialAppC，主组件命名为 TestSerialC.nc，并编写程序。在 TestSerialC 组件中主要使用 SerialActiveMessageC 组件的接口来实现串口通信。

✧ 编写 Makefile 文件。

✧ 编译程序，下载至设备中，连接串口，观察现象并分析数据。

1. TestSerialAppC.nc

TestSerialAppC.nc 为整个任务的顶层配件组件，在此组件中实现了组件之间的绑定关系。其具体代码如描述 5.D.2 TestSerialAppC.nc 所示。

【描述 5.D.2】 TestSerialAppC.nc

```
#include "TestSerial.h"

configuration TestSerialAppC {}
implementation {
  components TestSerialC as App, LedsC, MainC;
  components SerialActiveMessageC as AM;
  components new TimerMilliC();

  App.Boot -> MainC.Boot;
  App.Control -> AM;
  App.Receive -> AM.Receive[AM_TEST_SERIAL_MSG];
  App.AMSend -> AM.AMSend[AM_TEST_SERIAL_MSG];
  App.Leds -> LedsC;
  App.MilliTimer -> TimerMilliC;
  App.Packet -> AM;
}
```

在此组件中使用了 MainC 组件、LedsC 组件、SerialActiveMessageC 组件和 TimerMillic 组件，其中绑定关系如下：

✧ TestSerialC 组件的 Boot 接口绑定到 MainC 组件上。

✧ TestSerialC 组件的 Control 接口、Receive 接口、AMSend 接口绑定到 Serial ActiveMessageC 组件上。

✧ TestSerialC 组件的 Leds 接口绑定到 LedsC 组件上，定时器 MilliTimer 接口绑定到 TimerMilliC 组件上。

2. TestSerialC.nc

TestSerialC 组件是整个任务的主组件，在此组件中通过串口数据包负载部分的封装以及发送，具体代码如描述 5.D.2　TestSerialC.nc 所示。

【描述 5.D.2】　TestSerialC.nc

```
#include "Timer.h"
#include "TestSerial.h"

module TestSerialC
{
    uses
    {
        interface SplitControl as Control;
        interface Leds;
        interface Boot;
        interface Receive;
        interface AMSend;
        interface Timer<TMilli> as MilliTimer;
        interface Packet;
    }
}
implementation
{
    message_t packet;
    bool locked = FALSE;
    uint16_t counter= 0;
    event void Boot.booted()
    {
        call Control.start();
    }
    event void MilliTimer.fired()
    {
        counter++;
        if (locked)
        {
            return;
        }
        else
        {
            //在要发送的数据前面添加数据帧头
```

```
            test_serial_msg_t* rcm = (test_serial_msg_t*)call
                    Packet.getPayload(&packet, sizeof(test_serial_msg_t));
            if (rcm == NULL)
            {
                return;
            }
            if (call Packet.maxPayloadLength() < sizeof(test_serial_msg_t))
            {
                return;
            }
            //要发送的数据
            rcm->counter = counter;
            //调用发送函数将数据发送至PC机
            if (call AMSend.send(AM_BROADCAST_ADDR, &packet,
                    sizeof(test_serial_msg_t)) == SUCCESS)
            {
                call Leds.led0On();
                locked = TRUE;
            }
        }
    }

    event message_t* Receive.receive(message_t* bufPtr,
                    void* payload, uint8_t len)
    {

    }

    //发送数据完成之后，触发AMSend.sendDone事件
    event void AMSend.sendDone(message_t* bufPtr, error_t error)
    {
        if (&packet == bufPtr)
        {
            //点亮LED2
            call Leds.led1On();
            locked = FALSE;
        }
    }
    event void Control.startDone(error_t err)
```

```
    {
        if (err == SUCCESS)
        {
            call MilliTimer.startPeriodic(1000);
        }
    }
    event void Control.stopDone(error_t err)
    {

    }
}
```

3. TestSerial.h

除了 TestSerialAppC 组件和 TestSerialC 组件之外，还需要编写 TestSerial.h。在 TestSerial.h 文件中定义了串口传送消息的 AM 类型以及要传送数据的结构体，其具体代码如描述 5.D.2　TestSerial.h 所示。

【描述 5.D.2】　TestSerial.h

```
#ifndef TEST_SERIAL_H
#define TEST_SERIAL_H

typedef nx_struct test_serial_msg {
   nx_uint16_t counter;
} test_serial_msg_t;

enum {
   AM_TEST_SERIAL_MSG = 0x89,//AM 类型
};

#endif
```

4. Makefile 文件

在 Makefile 文件中指明任务的顶层配件，并规定编译规则，其具体代码如描述 5.D.2　Makefile 文件所示。

【描述 5.D.2】　Makefile 文件

```
COMPONENT=TestSerialAppC
include $(MAKERULES)
```

5. 实验结果

将程序编译下载至设备中，并将设备通过串口连接线与 PC 机相连，，打开串口，将波特率配置为 57600，按下复位按键，可以观察到 CC2530 向 PC 机通过串口传送数据。实验结果如图 5-7 所示。

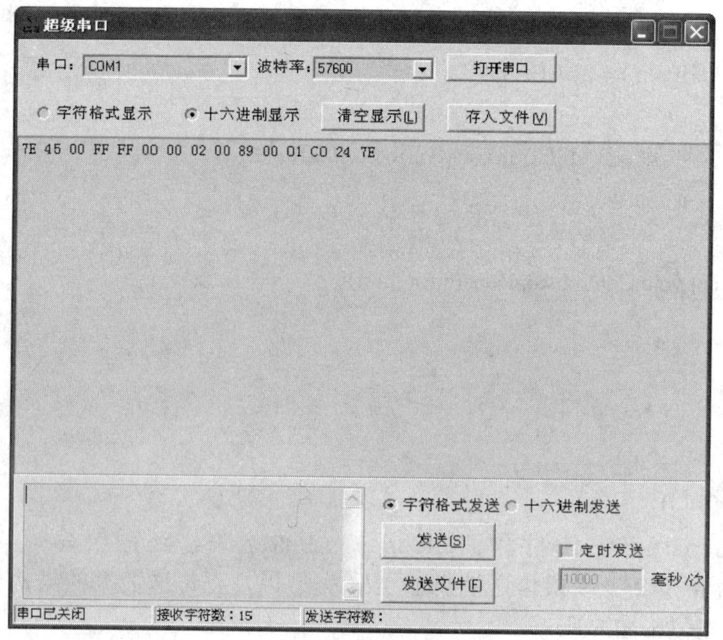

图 5-7　串口通信结果

其中，接收到 15 个字节的数据，按照串口协议包的格式分析如下：

✧　第 1 个字节 0x7E 为帧字节。

✧　第 2 个字节 0x45 为协议字节。

✧　第 3 个字节 0x00 为包格式分派字节，之后从 0xFF～0x01 为 Payload 载荷区，其中：

●　第 4～5 字节 0xFFFF 为目的地址。

●　第 6～7 字节 0x0000 为源地址，因为在程序中获得的源地址返回值为“0”，所以源地址为 0x0000。

●　第 8 个字节 0x02 为传输数据的长度。

●　第 9 个字节 0x00 为组 ID，因为本例程没有规定确切的组 ID，因此返回值为 0x00。

●　第 10 个字节 0x89 为串口数据包的 AM 类型。

●　第 11～12 个字节为传输的数据。

✧　第 13～14 个字节为 CRC 的校验值。

✧　第 15 个字节为数据包的结束字节，一般为 0x7E。

5.4　射频通信

在 TinyOS 系统中，无线通信模型是基于主动消息模式的通信模型。主动消息模式是一个面向消息通信的高性能通信模式。在无线传感器网络中采用主动消息机制的主要目的是使无线传感器节点的计算和通信重叠，让软件层的通信原语能够与节点的硬件能力匹配，充分节省无线传感器节点的有限存储空间。

本节内容将介绍主动消息机制、无线射频通信的相关接口和组件以及点对点无线传输程序的编写。

5.4.1　主动消息概述

在主动消息通信方式中，每个消息都维护一个应用层的子程序。当目标节点接收到这个消息后，就会把消息中的数据作为参数，并传递给应用层的子程序进行处理，应用层的子程序一般完成消息数据包的解包操作、计算处理或发送响应消息等工作。

为了让主动消息更适合无线传感器网络的需求，主动消息需要至少提供两个最基本的通信机制：

✧　带确认信息的消息传递：当消息发送成功后，接收方会发送一个确认帧进行数据接收确认。

✧　有明确的消息地址和消息分发：发送一条消息必须有明确的消息接收者和消息发送者。

在 TinyOS 系统中主动消息通信机制的实现可以通过系统通信组件来实现，用户可以通过调用系统组件实现高层的通信组件。

5.4.2　相关组件及接口

TinyOS 系统提供了很多与底层通信相关接口，并提供了实现这些接口的组件，其中最常用的组件有 AMSenderC 组件、AMReceiverC 组件、ActiveMessageC 组件等。这些接口组件都使用一个共同的消息缓存区，称为 message_t。

1. message_t

message_t 是一个抽象的数据类型，通常被作为通信底层的数据结构，其定义在 C:\cygwin\opt\mytinyos\tos\chips\cc2530\net\types 目录下的 message.h 文件中，其具体代码如代码 5-12 所示。

【代码 5-12】　message.h

```
typedef nx_struct message_t
{
  nx_uint8_t header[sizeof(message_header_t)];
  nx_uint8_t data[TOSH_DATA_LENGTH];
  nx_uint8_t footer[sizeof(message_footer_t)];
  nx_uint8_t metadata[sizeof(message_metadata_t)];
} message_t;
```

其中，message_t 中有四个元素，每个元素的说明如下：

✧　header：为消息的头部。

✧　data：为有效载荷去，即数据。

✧　footer：为消息的尾部。

✧　metadata：为元数据。

其中 header、footer 和 metadata 都是不透明的，不能直接访问，而 data 字段的访问必须通过 Packet 接口、AMPacket 接口或其他一些接口。

2. AMSenderC.nc

AMSenderC 组件用于数据的发送，此组件所在目录为“cygwin\opt\tinyos-2.x\tos\system”，

其代码如代码 5-13 所示。

【代码 5-13】 AMSenderC.nc

```
generic configuration AMSenderC(am_id_t AMId)
{
    provides
    {
        interface AMSend;
        interface Packet;
        interface AMPacket;
        interface PacketAcknowledgements as Acks;
    }
}
implementation
{
  ……
}
```

其中：

✧ AMSend 接口：是基本主动消息的发送接口，AMSend 接口在发送命令里指定了 AM 目标地址。

✧ Packet 接口：提供对 message_t 抽象数据类型的基本访问。

✧ AMPacket 接口：类似与 Packet 接口，提供对 message_t 抽象数据类型的 AM 访问。

✧ PacketAknowledgements 接口：提供信息确认机制接口，提供确认帧请求和发送。

在实际编写程序中，应用层可以直接调用 AMSenderC 组件进行数据的发送，其发送数据过程示例如示例 5-1 所示。

【示例 5-1】 发送示例

```
//要发送数据的结构体
typedef  nx_struct BlinkToRadioMsg
{
    nx_uint16_t nodeid;
    nx_uint16_t counter;
}BlinkToRadioMsg;

message_t pkt;

BlinkToRadioMsg *btrpkt;
//调用 Packet 获得发送数据的载荷部分
btrpkt=(BlinkToRadioMsg*)call Packet.getPayload(&pkt,sizeof(BlinkToRadioMsg));
btrpkt->nodeid = TOS_NODE_ID;
btrpkt->counter = counter++;
```

```
//调用 AMSend 接口将数据发送出去
if(call AMSend.send(AM_BROADCAST_ADDR,&pkt,sizeof(BlinkToRadioMsg))==SUCCESS)
    {
        call Leds.led0Toggle();
    }
```

3. AMReceiverC.nc

AMReceiverC 组件用于数据的接收，此组件所在目录为 cygwin\opt\tinyos-2.x\tos\system，具体代码如代码 5-14 所示。

【代码 5-14】 AMReceiverC.nc

```
generic configuration AMReceiverC(am_id_t amId)
{
    provides
    {
        interface Receive;
        interface Packet;
        interface AMPacket;
    }
}
```

其中：

✧ Receive 接口：最基本的消息接收接口，提供了接收消息时触发的事件函数。

✧ Packet 接口：同 AMSender.Packet 接口，提供 message_t 抽象类型的基本访问。

✧ AMPacket 接口：同 AMSender.AMPacket 接口。

针对于示例 5-1 中的发送示例的接收部分如示例 5-2 所示。

【示例 5-2】 接收示例

```
/*当有数据需要接收时，将会触发接收事件*/
event message_t* Receive.receive(message_t* msg,void *payload,uint8_t len)
{
    //如果接收到数据长度与要发送的数据长度相同将执行 LED 闪烁命令
    if(len==sizeof(BlinkToRadioMsg))
    {
        call Leds.led2Toggle();
    }
    return msg;
}
```

4. ActiveMessageAddressC.nc

ActiveMessageAddressC 组件提供获得和设定节点的地址，位于 cygwin\opt\tinyos-2.x\tos\system，具体代码如代码 5-15 所示。

【代码 5-15】 ActiveMessageAddressC.nc

```
module ActiveMessageAddressC @safe()
{
    provides
    {
        interface ActiveMessageAddress;
        async command am_addr_t amAddress();
        async command void setAmAddress(am_addr_t a);
    }
}
```

其中，ActiveMessageAddress：提供获得和设定节点 AM 地址的命令，但是通常情况下不建议使用此接口，因为修改 AM 地址可能会破坏网络堆栈。

5. ActiveMessageC.nc

ActiveMessageC 组件是一个与平台相关的组件，该组件提供了发送接收接口。以上讲述的 AMSenderC 组件、AMReceiverC 组件等都是 TinyOS 系统自带的组件。而 ActiveMessageC 组件将通信相关接口绑定到底层的相关硬件驱动，不同的平台其实现形式不同。在 mytinyos 平台中此组件位于 cygwin\opt\mytinyos\tos\platforms\cc2530 目录下，具体代码如代码 5-16 所示。

【代码 5-16】 ActiveMessageC.nc

```
configuration ActiveMessageC
{
    provides
    {
        interface SplitControl;
        interface AMSend[uint8_t id];
        interface Receive[uint8_t id];
        interface Receive as Snoop[uint8_t id];
        interface SendNotifier[am_id_t id];
        interface Packet;
        interface AMPacket;
        interface PacketAcknowledgements;
        interface LowPowerListening;
        interface PacketLink;
        interface PacketTimeStamp<TRadio, uint32_t> as PacketTimeStampRadio;
        interface PacketTimeStamp<TMilli, uint32_t> as PacketTimeStampMilli;
    }
}
```

ActiveMessageC 组件集 AMSenderC 组件和 AMReceiveC 组件的功能于一体，既能实现数据的发送又能实现数据的接收，因此一般在实际的开发过程中建议使用 ActiveMessageC 组件进行编程。其中以下的任务描述 5.D.3 就使用 ActiveMessageC 组件进行数据的发送与接收。

5.4.3　点对点传输

以下内容将实现任务描述 5.D.3，使用两个 CC2530 节点进行点对点通信，并通过数据的发送和接收控制 LED 闪烁。完成此任务中需要完成以下工作：

✧ 首先在 mytinyos/apps 目录下新建一个名为 BlinkToRadio 的文件夹(参照任务 5.D.1)。

✧ 其次在 BlinkToRadio 的文件夹创建顶层配件 BlinkToRadioAppC，主组件命名为 BlinkToRadioC.nc，在 BlinkToRadioC.nc 组件中使用 ActiveMessageC 组件提供的发送和接收等接口实现数据的通信。

✧ 编写 Makefile 文件。

✧ 编译程序，下载至设备中，连接串口，观察现象并分析数据。

1. BlinkToRadioAppC.nc

BlinkToRadioAppC.nc 为整个任务的顶层配件组件，在此组件中实现了组件之间的绑定关系。其具体代码如描述 5.D.3　BlinkToRadioAppC.nc 所示。

【描述 5.D.3】　BlinkToRadioAppC.nc

```
#include <Timer.h>
#include "BlinkToRadio.h"

configuration BlinkToRadioAppC
{

}

implementation
{
    components MainC;
    components LedsC;
    components BlinkToRadioC as App;
    components new TimerMilliC() as Timer0;
    components ActiveMessageC;

    App.Boot->MainC.Boot;
    App.Leds->LedsC.Leds;
    App.Timer0->Timer0;

    App.Packet->ActiveMessageC;
    App.AMPacket->ActiveMessageC;
    App.AMSend->ActiveMessageC.AMSend[uniqueCount("BlinkToRadio")];
```

```
        App.AMControl->ActiveMessageC;
        App.Receive->ActiveMessageC.Receive[uniqueCount("BlinkToRadio")];
        App.PacketAcknowledgements->ActiveMessageC;
    }
```

在此组件中使用了 MainC 组件、LedsC 组件、ActiveMessageC 组件、TimerMillic 组件、AMSenderC 组件和 AMReceiverC 组件，其中绑定关系如下：

✧ BlinkToRadioC 组件的 Boot 接口绑定到 MainC 组件上。

✧ BlinkToRadioC 组件的 Leds 接口绑定到 LedsC 组件上。

✧ 定时器 MilliTimer 接口绑定到 TimerMilliC 组件上。

✧ BlinkToRadioC 组件的 Packet 接口、AMPacket 接口、AMSend 接口、AMControl 接口、Receive 接口和 PacketAckhnowledgements 接口绑定到 ActiveMessageC 组件上。

2. BlinkToRadioC.nc

BlinkToRadioC 组件是整个任务的主组件，在此组件中通过串口数据包负载部分的封装以及发送，具体代码如描述 5.D.3　BlinkToRadioC.nc 所示。

【描述 5.D.3】 BlinkToRadioC.nc

```
#include <Timer.h>
#include "BlinkToRadio.h"

module BlinkToRadioC
{
    uses
    {
        interface Boot;
        interface Leds;
        interface Timer<TMilli> as Timer0;

        interface Packet;
        interface AMPacket;
        interface AMSend;
        interface SplitControl as AMControl;
        interface Receive;
        interface PacketAcknowledgements;
    }
}

implementation
{
    bool busy = FALSE;
    message_t pkt;
```

```
uint16_t counter = 0;

/*程序启动*/
event void Boot.booted()
{
        busy = FALSE;
        call AMControl.start();
}

/*开启无线后开启定时任务*/
event void AMControl.startDone(error_t err)
{
        if(err==SUCCESS)
        {
                call Timer0.startPeriodic(TIMER_PERIOD_MILLI);
        }
        else
        {
                call AMControl.start();
        }
}

event void AMControl.stopDone(error_t err)
{

}

/*定时事件处理，发送数据*/
event void Timer0.fired()
{
        if(!busy)
        {
                BlinkToRadioMsg *btrpkt;
                btrpkt = (BlinkToRadioMsg*)call
                                Packet.getPayload(&pkt,sizeof(BlinkToRadioMsg));
                btrpkt->nodeid = TOS_NODE_ID;
                btrpkt->counter = counter++;
                if(call
AMSend.send(AM_BROADCAST_ADDR,&pkt,sizeof(BlinkToRadioMsg))==SUCCESS)
```

```
                {
                    busy=TRUE;
                }
                call Leds.led0Toggle();
            }
        }

        /*发送完成后调用确认帧回复命令，并开启 LED 闪烁命令*/
        event void AMSend.sendDone(message_t* msg,error_t error)
        {
            if(&pkt==msg)
            {
                call PacketAcknowledgements.requestAck(msg);
                call Leds.led1Toggle();
                busy = FALSE;
            }
        }

        /*接收到数据后执行 LED 闪烁命令*/
        event message_t* Receive.receive(message_t* msg,void *payload,uint8_t len)
        {
            if(len==sizeof(BlinkToRadioMsg))
            {
                BlinkToRadioMsg* btrpkt = (BlinkToRadioMsg*)payload;
                call Leds.led2Toggle();
            }
            return msg;
        }
    }
```

3. BlinkToRadio.h

除了 BlinkToRadioAppC 组件和 BlinkToRadioC 组件之外，还需要编写 BlinkToRadio.h。在 BlinkToRadio.h 文件中定义了串口传送的周期以及要传送消息的结构体，其具体代码如描述 5.D.3 BlinkToRadio.h 所示。

【描述 5.D.3】 BlinkToRadio.h

```
#ifndef _BLINKTORADIO_H
#define _BLINKTORADIO_H
enum
{
    //传送消息的周期
```

```
        TIMER_PERIOD_MILLI = 2000
};

/*传送消息的结构体*/
typedef    nx_struct BlinkToRadioMsg
{
        nx_uint16_t nodeid;
        nx_uint16_t counter;
}BlinkToRadioMsg;
#endif
```

4. Makefile 文件

在 Makefile 文件中指明任务的顶层配件，并规定编译规则，其具体代码如描述 5.D.3 Makefile 所示。

【描述 5.D.3】 Makefile

```
COMPONENT=BlinkToRadioAppC
include $(MAKERULES)
```

5. 实验结果

将程序编译下载至两个设备中，设备的 LED1 和 LED2 同时闪烁，表明数据发送成功；设备的 LED3 闪烁表明数据接收成功。如果关闭一台设备，会发现另外一台设备的 LED3 将不闪烁，这是因为接收不到数据。在通信过程中，每成功发送一条数据，都会有确认帧确认发送成功。使用 ZigbeeSniffer 捕获数据帧如图 5-8 所示。

帧控制							帧序号	地址信息				帧载荷	LQI
帧类型	加密	数据待传	确认请求	网内/网际	目的地址模式	源地址模式		目的 PANID	目的地址	通 PANID	源地址	3F 08 00 0C	
数据帧	未加密	否	否	网内	16 位地址	16 位地址	71	0x22	0xFFFF	无	0x3	33 86	229

帧控制							帧序号	LQI
帧类型	加密	数据待传	确认请求	网内/网际	目的地址模式	源地址模式		
确认帧	未加密	否	否	网际	无地址	无地址	71	237

帧控制							帧序号	地址信息				帧载荷	LQI
帧类型	加密	数据待传	确认请求	网内/网际	目的地址模式	源地址模式		目的 PANID	目的地址	通 PANID	源地址	3F 08 00 0C	
数据帧	未加密	否	是	网内	16 位地址	16 位地址	79	0x22	0xFFFF	无	0x3	33 8E	236

帧控制							帧序号	LQI
帧类型	加密	数据待传	确认请求	网内/网际	目的地址模式	源地址模式		
确认帧	未加密	否	否	网际	无地址	无地址	79	230

帧控制							帧序号	地址信息				帧载荷	LQI
帧类型	加密	数据待传	确认请求	网内/网际	目的地址模式	源地址模式		目的 PANID	目的地址	通 PANID	源地址	3F 08 00 0C	
数据帧	未加密	否	否	网内	16 位地址	16 位地址	72	0x22	0xFFFF	无	0x3	33 87	340

帧控制							帧序号	LQI
帧类型	加密	数据待传	确认请求	网内/网际	目的地址模式	源地址模式		
确认帧	未加密	否	否	网际	无地址	无地址	72	237

图 5-8　捕获的数据帧

5.5　ADC 信息采集

环境信息采集是无线传感器网络的一个重要功能，其中环境信息的采集包括温度、湿度、光照等信息的采集。本节内容将讲解通过 TinyOS 操作系统进行 ADC 光照信息的采集。

在无线传感器网络中，无论使用哪一种操作系统，ADC 信息的采集都与所使用的硬件平台相关。在本书中采用与本书配套的 Zigbee 开发板，使用开发板上的光敏电阻，进行 ADC 光照信息的采集。

本节将重点讲解 ADC 的相关组件及接口以及光敏信息采集的开发过程。

5.5.1　相关组件及接口

在 mytinyos 平台中，ADC 的实现是通过一些 ADC 相关的组件来实现的，最主要的有两个组件 AdcC 组件和 AdcP 组件。

1. AdcC.nc

Adcc.nc 组件位于 cygwin\opt\mytinyos\tos\chips\cc2530\adc 目录下，在 Adc 组件中提供了两个接口：AdcControl 接口和 Read 接口。具体代码如代码 5-17 所示。

【代码 5-17】　AdcC.nc

```
generic configuration AdcC()
{
    provides interface AdcControl;
    provides interface Read<int16_t>;
}

implementation
{
    components MainC, AdcP;
    MainC.SoftwareInit -> AdcP.Init;
    enum { ID = unique("UNIQUE_ADC_PORT"), };
    AdcControl = AdcP.AdcControl[ID];
    Read = AdcP.Read[ID];


}
```

✧　AdcControl 接口：　AdcC 组件将 AdcControl 接口的实现绑定在 AdcP 组件上，由 AdcP 组件具体实现。

✧　Read 接口：此接口用于 ADC 信息的读取，AdcC 组件同样将此组件绑定到 AdcP 组件，由 AdcP 组件具体实现。

2. AdcP.nc

AdcP.nc 组件位于 cygwin\opt\mytinyos\tos\chips\cc2530\adc 目录下，此组件是一个硬件表示层组件，它的主要功能是实现了 ADC 的配置以及 ADC 采集信息的读取，其主要代码如代码 5-18 所示。

【代码 5-18】

```
module AdcP {
  ……
  provides interface Init;
  provides interface AdcControl[uint8_t id];
  provides interface Read<int16_t>[uint8_t id];
  ……
}
```

✧ AdcControl 接口有两个命令，enable 命令和 disable 命令。
  enable 命令：ADC 相关的寄存器使能开始采集数据。
  disable 命令：关闭 ADC 相关寄存器，停止采集数据。
✧ Read 接口用于读取 ADC 数据，当读取完成之后将触发 ReadDone 命令。

5.5.2　光敏信息采集

以下内容将实现任务描述 5.D.4，通过控制 CC2530 的 ADC 进行光敏的采集，并通过串口传输到 PC 机，需要完成以下工作：

✧ 首先在 mytinyos/apps 目录下新建一个名为 AdSensor 的文件夹(参照任务 5.D.1)。
✧ 其次在 AdSensor 文件夹创建顶层配件 ADSensorAppC，主组件命名为 ADSensorC.nc，并编写程序。
✧ 编写 Makefile 文件。
✧ 编译程序，下载至设备中，连接串口，观察现象并分析数据。

1. ADSensorAppC.nc

ADSensorAppC.nc 为整个任务的顶层配件组件，在此组件中实现了组件之间的绑定关系。其具体代码如描述 5.D.4　ADSensorAppC.nc 所示。

【描述 5.D.4】　ADSensorAppC.nc

```
configuration ADSensorAppC
{

}
implementation
{
      components ADSensorC;
      components new AdcC() as ADSensor;
      ADSensorC.ADSensorControl -> ADSensor;
```

```
        ADSensorC.ADSensorRead -> ADSensor;
        components MainC;
        ADSensorC.Boot -> MainC.Boot;
        components new TimerMilliC() as SensorTimerC;
        ADSensorC.SensorTimer -> SensorTimerC;
        components PlatformSerialC;
        ADSensorC.StdControl -> PlatformSerialC.StdControl;
        ADSensorC.UartStream -> PlatformSerialC.UartStream;
    }
```

在此组件中使用了 MainC 组件、AdcC 组件、PlatformSerialC 组件、TimerMillic 组件，其中绑定关系如下：

- ✧ ADSensorC 组件的 Boot 接口绑定到 MainC 组件上。
- ✧ ADSensorC 组件的 ADSensorControl 接口、ADSensorRead 接口绑定到 AdcC 组件上。
- ✧ ADSensorC 组件的 SensorTimer 接口绑定到 TimerMilliC 组件上。
- ✧ ADSensorC 组件的 StdControl 接口和 UartStream 接口绑定到 PlatformSerialC 组件上。

⚠ 注意：为了更方便直观地观察采集的 ADC 数据，本实例采用的串口传输并没有采用串口协议，而是直接使用 PlatformSerialC 组件进行串口传输。

2. ADSensorC.nc

ADSensorC.nc 组件是整个任务的主组件，在此组件中实现了 ADC 信息的采取以及通过串口传输至 PC 机，具体代码如描述 5.D.4　ADSensorC.nc 所示。

【描述 5.D.4】　ADSensorC.nc

```
#include "Adc.h"

module ADSensorP
{
    uses
    {
        interface Boot;
        interface AdcControl as ADSensorControl;
        interface Read<int16_t> as ADSensorRead;
        interface Timer<TMilli> as SensorTimer;
        interface StdControl;
        interface UartStream;
    }
}
implementation
{
    uint8_t m_len;
```

```
uint8_t m_send_buf[2];
/*AD 采集任务*/
task void sensorTask()
{
    call ADSensorControl.enable(ADC_REF_AVDD, ADC_14_BIT, ADC_AIN7);
    call ADSensorRead.read();
}

/*启动接口，开启定时器，开启 AD*/
event void Boot.booted()
{
    call SensorTimer.startPeriodic(1000);
    call StdControl.start();
}

/*定时器启用，开始 AD 采集*/
event void SensorTimer.fired()
{
    post sensorTask();
}


/*AD 采集完成之后通过通过串口传输*/
event void ADSensorRead.readDone(error_t result, int16_t val)
{
    m_send_buf[0] = val>>8;
    m_send_buf[1] = val & 0x00ff;
    call UartStream.send(m_send_buf, 2);
}

async event void UartStream.sendDone(uint8_t *buf, uint16_t len, error_t
                                error)
{
}

async event void UartStream.receivedByte(uint8_t byte)
{
    ;
}
```

```
        /** 在接收完 receive 命令欲接收的长度后会调用此事件 */
        async event void UartStream.receiveDone(uint8_t *buf, uint16_t len, error_t
                                                error)
        {

        }
}
```

3. Makefile 文件

在 Makefile 文件中指明任务的顶层配件，并规定编译规则，其具体代码如描述 5.D.4 Makefile 所示。

【描述 5.D.4】 Makefile

```
COMPONENT=ADSensorAppC
include $(MAKERULES)
```

4. 实验结果

将程序编译下载至设备中，并将设备通过串口连接线与 PC 机相连，打开串口，将波特率配置为 57600，按下复位按键，可以观察到采集的 ADC 数据。实验结果如图 5-9 所示。

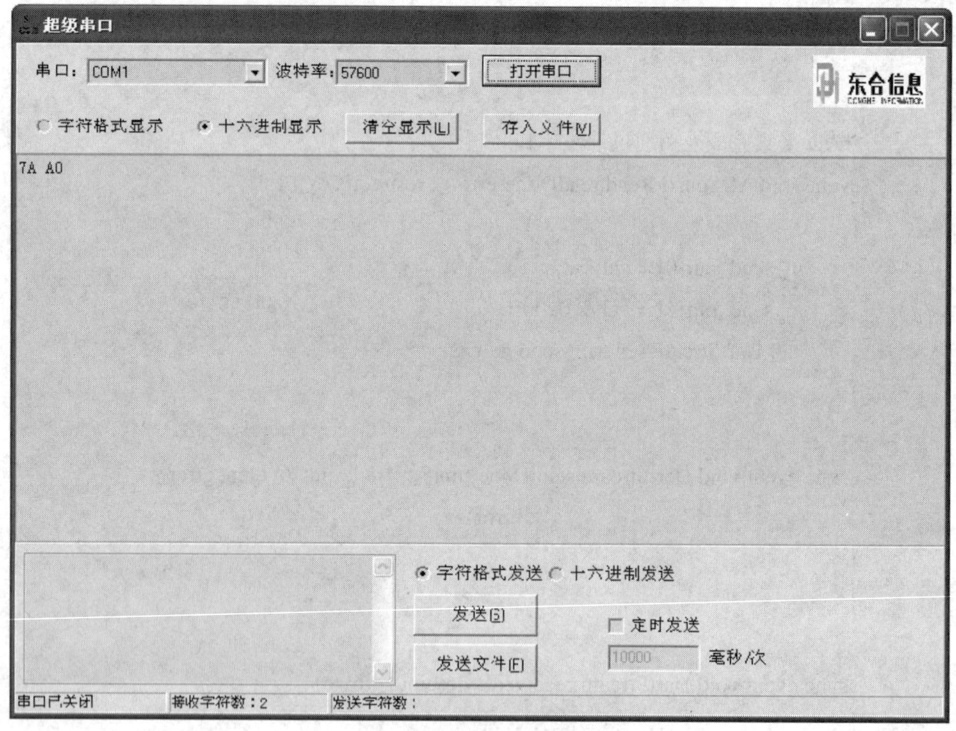

图 5-9 采集的 ADC 数据

小 结

通过本章的学习，应该能够了解到：

◆ TinyOS 的编程的基本思想也采用分层结构，即上层调用下层，其分层结构大致可以分为底层驱动层、中间层和应用层。

◆ TinyOS 2.x 版本的串口协议栈可以划分为 4 个功能组件，自底层至上层分别是原始串口组件、编码/装帧组件、协议组件和分派组件。

◆ 在 TinyOS 2.x 版本中原始串口组件为串口的硬件接口层组件，位于平台目录 tos/platforms 下。一般情况此组件的命名与平台相关，不同的平台命名方式不同。

◆ 主动消息需要至少提供两个最基本的通信机制：带确认信息的消息传递和有明确的消息地址和消息分发。

◆ TinyOS 系统提供了很多与底层通信相关接口，并提供了实现这些接口的组件，最常用的组件有 AMSenderC 组件、AMReceiverC 组件、ActiveMessageC 组件等。

◆ 在 mytinyos 平台中，ADC 的实现是通过一些 ADC 相关的组件来实现的，最主要的有两个组件：AdcC 组件和 AdcP 组件。

练 习

1. 下列组件是主动消息组件的是______。
   A. AMSenderC.nc
   B. AdcP.nc
   C. HdlTranslateC
   D. SerialP.nc
2. 修改串口的波特率使用的是哪个组件______。
   A. HdlTranslateC.nc
   B. SerialP.nc
   C. HplCC2530UartP.nc
   D. SerialActiveMessageP.nc
3. TinyOS 的编程的基本思想也采用分层结构，即上层调用下层，其分层结构大致可以分为______、______和______。
4. 编写一个程序，实现 AD 的采集并按照串口协议的约定将数据传输至 PC 机。

第 6 章　TinyOS 网络协议

本章目标

- 掌握汇聚协议的相关接口和组件
- 掌握 CTP 协议的原理
- 掌握分发协议的相关接口和组件
- 掌握小数据分发协议的实现

学习导航

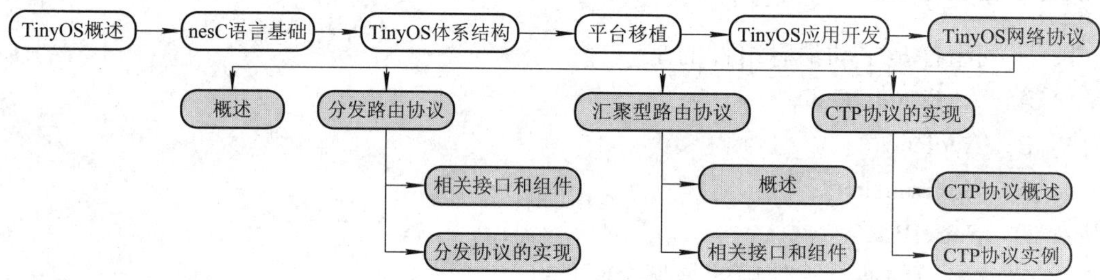

任务描述

➢【描述 6.D.1】

使用分发协议进行小数据的发送接收，当节点收到分发者发送的数据时，点亮 LED。

➢【描述 6.D.2】

使用 CTP 协议实现数据的传输。

6.1　概述

路由协议一直是无线传感器网络研究的一个重要方向，在 TinyOS 2.x 中有两种基本的多跳路由协议：分发路由协议(Dissemination Protocol)和汇聚型路由协议(Collection

Protocol)。分发协议能够可靠地传送小数据项到网络中的每一个节点；汇聚型路由协议可以把网络中每个节点的小数据项传递到指定的根节点。本章主要介绍这两种协议以及实现过程。

6.2　分发路由协议

分发协议主要用于实现共享变量的网络一致性。网络中的每个节点都保存有该共享变量的一个副本。分发服务会通知节点该变量值更改的时间，同时交换数据包以达到整个网络的一致性。在任意给定时刻，可能会有两个节点的变量值不相同。但过一段时间后，不一致的节点数会越来越少，最终整个网络都将同一于一个相同的变量值。分发协议具有以下几个特点：

✧　分发协议能够达到网络的高度一致性，能有效避免临时性通信链路失效以及高丢包率等网络传输问题。

✧　分发协议要求在有链路连接的情况下确保能够达到某个变量值一致。

✧　对于不同大小的数据项，分发协议的设计会有很大的不同。

以下内容将讲解分发协议的一系列接口和组件，以及具体的实现过程。

6.2.1　相关接口和组件

在 TinyOS 2.x 中为分发协议提供了实现，下面讲解涉及到的重要接口和组件。

1. 分发协议的接口

在分发协议中分发服务提供了两个主要的接口：DisseminationValue 接口和 DisseminationUpdate 接口。它们都位于“tinyos-2.x/tos/lib/net/”目录下。

(1) DisseminationValue 接口。

DisseminationValue 接口适用于接收从网络中分发过来的数据，在此接口中包含两个命令函数和一个事件函数，其具体代码如代码 6-1 所示。

【代码 6-1】　DisseminationValue.nc

```
interface DisseminationValue<t>
{
    command const t* get();
    command void set( const t* );
    event void changed();
}
```

其中，各个函数的功能如下所述：

✧　DisseminationValue.get()命令获取 const 类型的指针指向数据区域。

✧　DisseminationValue.set()命令允许节点改变其当前的变量值，并帮助节点给变量分配一个初始值。

✧　DisseminationValue.changed()触发节点改变变量值的事件。

(2) DisseminationUpdate 接口。

DisseminationUpdate 接口用于产生分发的数据，此接口只包含一个命令函数，该命令有一个指针类型的参数，提供 DisseminationUpdate 接口的组件必须将数据赋值到自己分配的内存中，DisseminationValue 接口必须触发 change()事件，以此作为对 change()调用的响应。其接口定义如代码 6-2 所示。

【代码 6-2】 DisseminationUpdate.nc

```
interface DisseminationUpdate<t>
{
    command void change(t* ONE newVal);
}
```

2. 分发协议的组件

在分发协议中有较多的组件，本文将讲解比较重要的组件为 DisseminatorC 组件，该组件提供了 DisseminationValue 接口和 DisseminationUpdate 接口。该组件位于“tinyos-2.x /tos/lib/net/drip”，其具体代码如代码 6-3 所示。

【代码 6-3】 DisseminatorC.nc

```
generic configuration DisseminatorC(typedef t, dip_key_t key)
{
    provides interface DisseminationValue<t>;
    provides interface DisseminationUpdate<t>;
}
```

在 DisseminatorC 组件中提供了两个参数：参数 t 和参数 key。

✧ 参数 t：数据包结构类型，其大小必须能够包含单个 message_t 包。

✧ 参数 key：即键值 key，允许创建不同的 DisseminatorC 实例组件，类似于 AM 标识号可以虚拟化 AM 服务。该键值一般由 unique()函数产生。

6.2.2 分发协议的实现

以下内容将实现任务描述 6.D.1，使用分发协议进行小数据的发送接收，当节点收到分发者发送的数据时，点亮 LED。需要以下几个步骤：

(1) 在“cygwin\opt\mytinyos\apps”目录下创建 myDissemination 子目录。

(2) 在 myDissemination 目录下创建并编写 myDisseminationApp.nc 文件(核心应用模块)、myDisseminationC.nc 文件(顶层配件)和 BlinkToRadioMsg.h 文件(定义相关数据结构体)。

(3) 编写 Makefile 文件。

1. 创建 myDissemination 文件夹

参照 6.3.2 节创建 MultihopOscilloscope 文件夹的步骤创建 myDissemination 文件夹。创建完成后如图 6-1 所示。

图 6-1　myDissemination 文件夹

2. 编写程序

(1) myDisseminationApp.nc。

在 myDisseminationApp.nc 文件中列出了实现分发协议所需要的一系列组件以及组件与组件的关系，具体代码如描述 6.D.1　myDisseminationAppC.nc 所示。

【描述 6.D.1】　myDisseminationAppC.nc

```
#define MYID 8
configuration myDisseminationAppC {}
implementation
{
    components myDisseminationC;
    components MainC;
    myDisseminationC.Boot -> MainC;
    components ActiveMessageC;
    myDisseminationC.RadioControl -> ActiveMessageC;
    components DisseminationC;
    myDisseminationC.DisseminationControl -> DisseminationC;
    components new DisseminatorC(uint16_t, 0x2345) as Object16C;
    myDisseminationC.Value16 -> Object16C;
    myDisseminationC.Update16 -> Object16C;
    components LedsC;
    myDisseminationC.Leds -> LedsC;
    components new TimerMilliC();
    myDisseminationC.Timer -> TimerMilliC;
    components new AMSenderC(MYID);
    myDisseminationC.AMSend->AMSenderC;
```

```
            myDisseminationC.Packet->AMSenderC;
            myDisseminationC.AMPacket->AMSenderC;

            components new AMReceiverC(MYID);
            myDisseminationC.Receive->AMReceiverC;
        }
```

(2) myDisseminationC.nc。

在 myDissemination 文件中实现了小数据的分发协议，首先分发者获得需要分发的数据，然后将数据发送到网络中；接收者接收到数据后，按照接收到的数据不同点亮不同的LED，具体代码如描述 6.D.1 myDisseminationC.nc 所示。

【描述 6.D.1】 myDisseminationC.nc

```
#include <Timer.h>
#include "BlinkToRadio.h"
module myDisseminationC
{
    uses
    {
        interface AMSend;
        interface Receive;
        interface Packet;
        interface AMPacket;
        interface Boot;
        interface SplitControl as RadioControl;
        interface StdControl as DisseminationControl;
        interface DisseminationValue<uint16_t> as Value16;
        interface DisseminationUpdate<uint16_t> as Update16;
        interface Leds;
        interface Timer<TMilli>;
    }
}
implementation
{
    uint16_t counter;
    am_addr_t DES = 0x0003;
    /*点亮 LED 任务*/
    task void ShowCounter()
    {
        if(counter&0x1)
        call Leds.led0On();
```

```
        if(counter&0x2)
        call Leds.led1On();
        if(counter&0x4)
        call Leds.led2On();
        if(counter&0x8)
        call Leds.led3On();
}
event void Boot.booted()
{
        //开启无线电服务
        call RadioControl.start();
}
event void RadioControl.startDone( error_t result )
{
        if ( result != SUCCESS )
        {
                call RadioControl.start();
        }
        else
        {
                //开启分发服务
                call DisseminationControl.start();
                counter = 0;
                //开启定时器
                call Timer.startPeriodic( 2000 );
        }
}
event void RadioControl.stopDone( error_t result )
{
        ;
}
event void Timer.fired()
{
        message_t pkt;
        BlinkToRadioMsg*    btrpkt;
        counter = counter+1;
        //设定分发值
        call Update16.change(&counter);
        btrpkt=(BlinkToRadioMsg*)call Packet.getPayload(&pkt,sizeof(BlinkToRadioMsg));
```

```
            btrpkt->nodeid = DES;
            btrpkt->num = counter;
            //发送数据
            if(call      AMSend.send(AM_BROADCAST_ADDR,&pkt,sizeof(BlinkToRadioMsg))==
SUCCESS)
            {
                ;
            }
        }
        /*发现分发值发生变化*/
        event void Value16.changed()
        {
            const uint16_t* newVal = call Value16.get();
            counter = *newVal;
        }

        //如果数据发送成功，触发 LED1 闪烁
        event void AMSend.sendDone(message_t* Pkt,error_t err)
        {
            call Leds.led0Toggle();
        }
        //接收部分
        event message_t* Receive.receive(message_t* msg, void* payload, uint8_t len)
        {
            if(len==sizeof(BlinkToRadioMsg))
            {
                //获得接收信息的负载
                BlinkToRadioMsg* btrpkt = (BlinkToRadioMsg*)payload;
                //取出发送的数值
                counter = btrpkt->num;
                //触发 LED 闪烁
                post ShowCounter();
            }
            return msg;
        }
    }
```

(3) BlinkToRadioMsg.h。

在 BlinkToRadioMsg.h 文件中定义了 myDisseminationC.nc 文件中发送数据所使用的结构体。其具体代码如描述 6.D.1　BlinkToRadioMsg.h 所示。

【描述 6.D.1】　BlinkToRadioMsg.h

```
#ifndef _BLINKTORADIO_H
#define _BLINKTORADIO_H
typedef   nx_struct BlinkToRadioMsg
{
      nx_uint16_t nodeid;
      nx_uint16_t num;
}BlinkToRadioMsg;
#endif
```

3. 编写 Makefile 文件

在 myDissemination 文件夹下创建 Makefile 文件，并在 Makefile 文件中添加描述 6.D.1 Makefile 文件内容。

【描述 6.D.1】　Makefile 文件

```
COMPONENT=myDisseminationAppC
CFLAGS += -I$(TOSDIR)/lib/net -I%T/lib/net/drip
include $(MAKERULES)
```

4. 分发协议可视化组件

程序编译成功后，在 Cygwin 下输入“make cc2530 docs”命令生成可视化组件关系图，如图 6-2 所示。

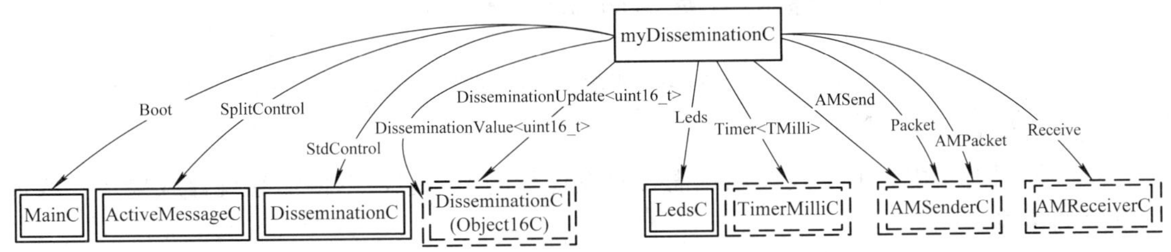

图 6-2　分发协议可视化组件

5. 实验现象

将程序烧写至设备中(需要两个设备)，可以观察有以下两个现象：

✧　设备的 LED1 闪烁，说明数据发送成功。

✧　设备的 LED1～LED4 逐个点亮，说明设备接收到不同的分发数据。

6.3　汇聚型路由协议

本节将详细讲解与 TinyOS 的汇聚型路由协议有关的接口、组件以及实现。

6.3.1　概述

汇聚型路由协议是 TinyOS 中一种基于无线传感器网络应用的数据汇聚协议，此协议需要将网络中的数据汇聚到某个节点上，由此节点来处理这些数据。在汇聚型路由协议中网络中的节点分为三大类：根节点、虚拟根节点和采集节点。

✧ 根节点：网络中的数据最终汇聚到的节点，此节点负责处理整个网络中的数据。

✧ 虚拟根节点：此节点除了采集数据之外还具有中继传输功能，即当其他节点与根节点的距离超过了通信范围时，其他节点将选择在自己通信范围内的具有中继功能的节点作为自己下一条节点，并将此具有中继功能的节点认为是自己的虚拟根节点。

✧ 采集节点：此节点只负责采集数据，并把采集的数据发往根节点或虚拟根节点。

汇聚型路由协议的数据传输过程如图 6-3 所示。其中 0 号节点为根节点，1、3 号节点为虚拟的根节点，2、4、5、6 号节点为采集节点。

在图 6-3 中，当 5 号节点有数据需要被收集起来，它就把数据沿着树向上发送，经过 3 号和 1 号虚拟的根节点将数据发送至网络中的根节点。根节点既可以接收虚拟根节点的数据也可以接收采集节点的数据；虚拟根节点既可以接收采集的节点的数据也可以接收其他虚拟根节点的数据，且在汇聚协议中只有根节点和虚拟根节点具有接收数据的功能，采集节点是不具有数据接收功能的。

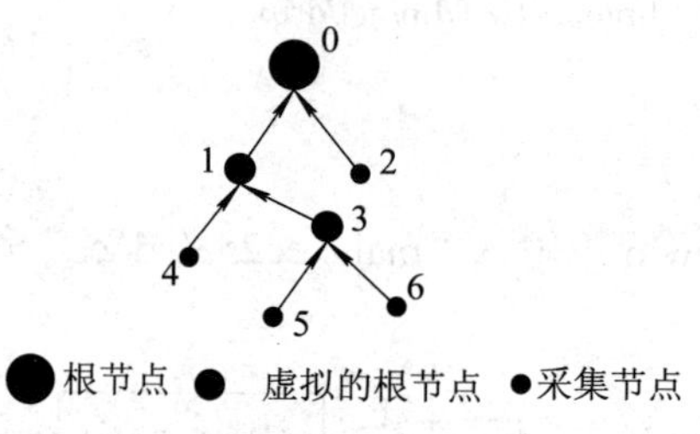

图 6-3 汇聚型路由协议

汇聚协议有以下工作特点：

✧ 根据汇聚内容的形式，系统需要检查过往的消息包，以便信息统计或聚合，或抑制重复的传输。

✧ 当网络中有多个虚拟根节点时，就会形成一片森林。通过选择虚拟根节点，汇聚协议隐式地把节点加入到其中一棵汇聚树中。汇聚协议提供了到其中一个虚拟根节点的尽全力的多跳传输，这意味着，该协议通过一定程度的努力把消息发送到网络中至少一个虚拟根节点。然而，汇聚协议并不能保证传输必定成功。另外消费的副本有可能传输到多个虚拟根节点。

实际上汇聚协议在网络算法上也普遍存在一些边缘问题，具体如下：

✧ 路由循环检测：检测节点有无选择其后代节点作为父节点。

✧ 重复移植：检测并处理网络中因应答信号丢失而导致的包重复问题，避免带宽浪费。

✧ 链路估计：估计相邻单跳的链路质量。

✧ 自干扰：防止消息转发对本地节点的干扰。

6.3.2 相关接口和组件

汇聚协议的实现需要一些与协议相关的组件和接口，在 TinyOS 2.x 中提供了一些此协议的接口和组件，本小节内容将讲解汇聚服务的主要接口和组件。

1. 汇聚服务的接口

在 TinyOS 2.x 汇聚服务中，一个节点可以有四种存在方式：生产者、消费者、侦听者和网络处理者。根据存在方式不同，使用不同的接口与汇聚服务的组件交互。在应用程序中，通过汇聚标识号可以将汇聚服务多元化，类似于无线通信中的 AM 标识号。其中，四种存在方式说明如下：

✧ 生产者：产生数据并将数据发送至根节点或虚拟根节点的节点称为生产者。生产者使用 Send 接口把数据发送到汇聚树的根节点。汇聚标识号作为实例化 Send 接口的参数。

✧ 消费者：接收数据的节点称为消费者，消费者也是一种虚拟根节点。

✧ 侦听者：无意中收到消息的节点称为侦听者。侦听者使用 Receive 接口接收偷听到的消息，汇聚标号作为实例化的 Receive 接口的参数。

✧ 能够处理正在传递过程中消息的节点称为网络处理者。这些网络处理者使用 Intercept 接口接收并更新消息。汇聚标识号也作为实例化 Intercept 接口的参数。

在以上的描述中所用的接口有 Send 接口、Receive 接口、Intercept 接口，除去这三个接口还有一个比较重要的接口 RootControl 接口。

(1) Send.nc。

Send 接口的主要功能是发送数据以及获得数据负载的长度，此接口有 4 个命令函数，1 个事件触发函数，其接口如代码 6-4 所示。

【代码 6-4】 Send.nc

```
#include <TinyError.h>
#include <message.h>


interface Send
{
    command error_t send(message_t* msg, uint8_t len);
    command error_t cancel(message_t* msg);
    event void sendDone(message_t* msg, error_t error);
    command uint8_t maxPayloadLength();
    command void* getPayload(message_t* msg, uint8_t len);
}
```

其中，各个函数功能描述如下：

✧ send()函数主要功能是发送数据，它决定了发送数据的最大长度。

✧ cancel()函数主要功能是取消当前要发送的数据命令。

✧ sendDone()函数为触发发送事件函数，如果发送成功则返回 SUCCESS，失败则返回 FAIL。

✧ maxPayloadLength()函数主要功能是获得负载数据的最大长度。

✧ getPayload()函数主要功能是获得需要发送的数据以及发送数据的长度。

(2) Receive.nc。

Receive 接口主要功能是接收生产者的数据，此接口中只有一个函数，其具体代码如代码 6-5 所示。

【代码 6-5】 Receive.nc

```
interface Receive
{
    event message_t* receive(message_t* msg, void* payload, uint8_t len);
}
```

(3) Intercept.nc。

Intercept 接口主要功能是共网络处理者接收并更新消息，此接口只有一个事件函数，其具体代码如代码 6-6 所示。

【代码 6-6】 Intercept.nc

```
interface Intercept
{
  event bool forward(message_t* msg, void* payload, uint8_t len);
}
```

Intercept.forward 事件的主要功能是当节点接收到一个要转发的消息包时，汇聚服务应当触发这个事件。如果该事件的返回值为 FASLE，那么汇聚服务就不能转发这个包。

此接口允许更高层的组件检查消息包的内部，如果这个消息包多余，或者消息包可以汇聚到已有消息包内，此时可以通过此接口事件对消息进行相应处理。

(4) RootControl.nc。

汇聚树型路由协议的网络是通过根节点以及到根节点的路径构成的，其中根节点的设定是通过 RootControl 接口来设定的，RootControl 接口中有三个命令函数，在此接口的具体代码如代码 6-7 所示。

【代码 6-7】 RootControl.nc

```
interface RootControl
{
    command error_t setRoot();
    command error_t unsetRoot();
    command bool isRoot();
}
```

其中，setRoot 命令和 unsetRoot 命令的调用必须返回 SUCCESS，否则返回 FAIL；而 isRoot 命令则是根据 setRoot 命令和 unsetRoot 命令的返回值来决定自己的返回值。具体使用如下：

✧ 如果一个节点已经是根节点，并调用 setRoot 命令，则返回 SUCCESS。

✧ 如果 setRoot 命令返回 SUCCESS，那么 isRoot 命令的调用必须返回 TRUE。

✧ 如果 unsetRoot 命令的调用返回 SUCCESS，那么 isRoot 命令必须返回 FALSE。

2. 汇聚服务组件

汇聚服务主要通过 CollectionC 组件、CollectionSenderC 组件和 CollectionSenderP 组件来进行汇聚服务的，具体介绍如下。

(1) CollectionC.nc。

汇聚服务必须提供 CollectionC 组件，并且大多数的汇聚协议的接口是由 Collection 组件来提供的，CollectionC 组件的具体实现如代码 6-8 所示。

【代码 6-8】 CollectionC.nc

```
configuration CollectionC {
  provides {
    interface StdControl;
    interface Send[uint8_t client];
    interface Receive[collection_id_t id];
    interface Receive as Snoop[collection_id_t];
    interface Intercept[collection_id_t id];

    interface Packet;
    interface CollectionPacket;
    interface CtpPacket;

    interface CtpInfo;
    interface CtpCongestion;
    interface RootControl;
  }

  uses {
    interface CollectionId[uint8_t client];
    interface CollectionDebug;
  }
}

implementation {
  components CtpP;

  StdControl = CtpP;
  Send = CtpP;
  Receive = CtpP.Receive;
  Snoop = CtpP.Snoop;
  Intercept = CtpP;

  Packet = CtpP;
  CollectionPacket = CtpP;
  CtpPacket = CtpP;
```

```
    CtpInfo = CtpP;
    CtpCongestion = CtpP;
    RootControl = CtpP;

    CollectionId = CtpP;
    CollectionDebug = CtpP;
}
```

在使用 CollectionC 组件时需要注意以下几个方面：

✧ CollectionC 组件不能在非根节点或虚拟根节点上触发 Receive.Receive 事件。当一个数据包成功地到达根节点时，此组件才可能会触发此事件。

✧ 如果 CollectionC 组件接收到一个需转发的数据包，且当前节点不是根节点，就可能会触发 Intercept.forward 事件。

✧ 如果 CollectionC 组件接收到一个本该由其他节点转发的消息包，就可能会触发 Snoop.receive 事件。

✧ 用户使用 RootControl 接口可以使节点称为汇聚树协议的根节点。

(2) CollectionSenderC.nc。

CollectionSendC 组件是一个通用组件，它提供了 Send 接口和 Packet 接口，并且两个接口是通过 CollectionSenderP 来实现的，CollectionSenderC 组件具体代码如代码 6-9 所示。

【代码 6-9】 CollectionSenderC.nc

```
generic configuration CollectionSenderC(collection_id_t collectid) {
  provides {
    interface Send;
    interface Packet;
  }
}
implementation {
  components new CollectionSenderP(collectid, unique(UQ_CTP_CLIENT));
  Send = CollectionSenderP;
  Packet = CollectionSenderP;
}
```

(3) CollectionSenderP.nc。

CollectionSenderP 组件提供了两个接口：Send 接口和 Packet 接口。CollectionSenderP 组件通过绑定 Send 接口和 Packet 接口到 CollectionC 组件上实现，CollectionSenderP 组件的具体代码如代码 6-10 所示。

【代码 6-10】 CollectionSenderP.nc

```
generic configuration
CollectionSenderP(collection_id_t collectid, uint8_t clientid)
{
```

```
  provides
{
    interface Send;
    interface Packet;
  }
}

implementation {
  components CollectionC as Collector;
  components new CollectionIdP(collectid);

  Send = Collector.Send[clientid];
  Packet = Collector.Packet;
  Collector.CollectionId[clientid] -> CollectionIdP;
}
```

6.4　CTP 协议的实现

CTP(Collection Tree Protocol，可以简称 CTP 协议)协议又称汇聚树型协议，是汇聚协议的一种实现形式，为网络中的节点提供到根节点的任意传播的广播机制。

6.4.1　CTP 协议概述

CTP 协议是基于树的汇聚协议，网络中的某些节点将自己设置为根节点，而其他节点形成以此根节点为中心的路由树。CTP 协议有以下两个特点：

✧　节点并不是向固定的根节点发送数据包，而是选择虚拟根节点作为下一跳发送数据节点。

✧　虚拟根节点根据路由梯度形成到根节点的路由。

CTP 协议的总体架构由三部分组成：链路估计器、路由引擎以及转发引擎。其协议总体架构如图 6-4 所示。

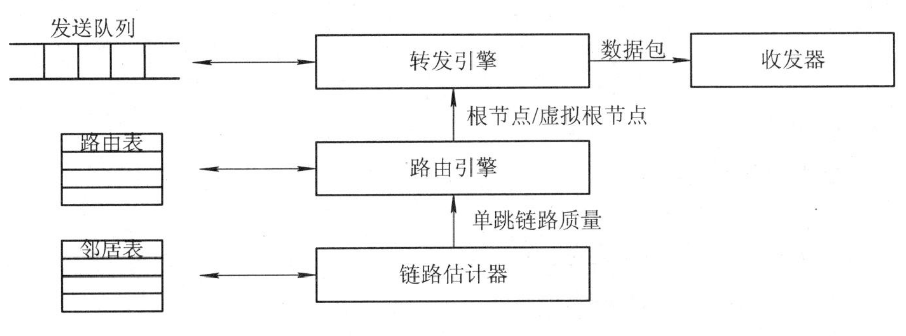

图 6-4　CTP 总体架构

其中，各个部分的功能如下：

✧ 链路估计器：位于最底层，负责估计节点与邻居节点之间的单跳链路质量，并维护一个邻居表。

✧ 路由引擎：位于中间层，使用链路估计器提供的信息，选择到根节点传输代价最小的节点作为父节点，并维护一个路由表。

✧ 转发引擎：维护本地包和转发包的发送队列，选择适当的时机把队头的包送给父节点。

1. 链路估计器

CTP的链路估计器主要由链路估计交换子协议LEEP(Link Estimation Exchange Protocol)来完成，节点使用LEEP来估计和交换其与邻居节点间的链路质量信息。

在TinyOS 2.x的CTP协议中，LEEP协议的实现是通过LinkEstimatorP组件来实现的。LinkEstimatorP组件的实现有两种形式：

✧ 一是标准的LE实现，其实现代码在“mytinyos/tos/lib/net/le”中。

✧ 一种是更精确的4BITLE实现，其实现代码在“mytinyos/tos/lib/net/4bitle”中。

LE估计器和4BITLE估计器的实现在结构上大体相同，不同的是4BITLE估计器提取的物理层、链路层以及网络层的反馈信息能够提高链路估计的精确值。因此本书中采用4BITLE的估计器。该组件的具体代码如代码6-11所示。

【代码 6-11】 LinkEstimatorP.nc

```
module LinkEstimatorP
{
  provides
  {
    interface StdControl;
    interface AMSend as Send;
    interface Receive;
    interface LinkEstimator;
    interface Init;
    interface Packet;
    interface CompareBit;
  }

  uses
  {
    interface AMSend;
    interface AMPacket as SubAMPacket;
    interface Packet as SubPacket;
    interface Receive as SubReceive;
    interface LinkPacketMetadata;
```

```
        interface Random;
    }
}
```

LinkEstimatorP 组件除了发送和接收消息外，还可以通过收到的消息计算双向通信链路质量，并通过判断通信链路质量添加和删除邻居节点。

(1) 判断通信链路质量。

LinkEstimatorP 组件通信链路质量的获得是通过 LinkEstimator 接口来进行的。该接口提供了 txAck( )、txNoAck( )和 clearDLQ( )等命令，通过这些命令能根据到邻居节点的数据传输成功与否来更新链路估计值。其中各个命令的作用如下。

✧ txAck：当节点接收到一个数据的确认帧后，表明接收一条数据成功，并且将更新此信息发送者和接收者之间的链路估计值。具体源码如代码 6-12 所示。

【代码 6-12】 LinkEstimatorP.nc

```
command error_t LinkEstimator.txAck(am_addr_t neighbor)
{
    neighbor_table_entry_t *ne;
    uint8_t nidx = findIdx(neighbor);
    if (nidx == INVALID_RVAL)
    {
        return FAIL;
    }
    ne = &NeighborTable[nidx];
    ne->data_success++;
    ne->data_total++;
    if (ne->data_total >= DLQ_PKT_WINDOW)
    {
        updateDETX(ne);
    }
    return SUCCESS;
}
```

✧ txNoAck：当节点没有接收到数据的确认帧时，同样也更新发送节点与接收节点的链路估计值。具体源码如代码 6-13 所示。

【代码 6-13】 LinkEstimatorP.nc

```
command error_t LinkEstimator.txNoAck(am_addr_t neighbor)
{
    neighbor_table_entry_t *ne;
    uint8_t nidx = findIdx(neighbor);
    if (nidx == INVALID_RVAL)
    {
        return FAIL;
```

```
    }
    ne = &NeighborTable[nidx];
    ne->data_total++;
    if (ne->data_total >= DLQ_PKT_WINDOW)
    {
        updateDETX(ne);
    }
    return SUCCESS;
}
```

✧ clearDLQ：当参数改变时，清除原来数据的链路估计值。具体源码如代码 6-14 所示。

【代码 6-14】 LinkEstimatorP.nc

```
command error_t LinkEstimator.clearDLQ(am_addr_t neighbor)
{
    neighbor_table_entry_t *ne;
    uint8_t nidx = findIdx(neighbor);
    if (nidx == INVALID_RVAL)
    {
        return FAIL;
    }
    ne = &NeighborTable[nidx];
    ne->data_total = 0;
    ne->data_success = 0;
    return SUCCESS;
}
```

(2) 邻居节点的添加。

邻居节点的添加是通过 LinkPacketMetadata 接口来进行的，通过此接口判断信道是否具有较高的链路质量，并把邻居节点加入到邻居表中，便于以后在选择路径时考虑该邻居节点的链路。其实现代码如代码 6-15 所示。

【代码 6-15】 LinkEstimatorP.nc

```
if (call LinkPacketMetadata.highChannelQuality(msg))
{
    if (signal CompareBit.shouldInsert
        (msg,
        call Packet.getPayload(msg, call Packet.payloadLength(msg)),
        call Packet.payloadLength(msg)))
    {
        nidx = findRandomNeighborIdx();
        if (nidx != INVALID_RVAL)
```

```
            {
                signal LinkEstimator.evicted(NeighborTable[nidx].ll_addr);
                initNeighborIdx(nidx, ll_addr);
            }
        }
    }
```

2. 路由引擎

路由引擎负责计算到汇聚树根节点的路由，即选择数据传输的下一跳。它记录了由链路估计表维护的一组节点路径的期望传输值 ETX(Expected Transmissions)。

CTP 是使用 ETX 作为路由梯度来表示双向链路质量的估计值。ETX 值越小表示链路质量越好。其中，根节点的路径 ETX 为 0，普通节点的路径 ETX 为其下一跳节点的路径 ETX 加上他们之间链路的连接 ETX，因此节点的路径 ETX 是该节点到根节点之间整条路由的每跳连接 ETX 之和。

路由引擎每隔一定事件就会根据更新的链路质量估计重新进行路由选择，主要是计算路径 ETX 和重选父节点，然后广播一个路由帧，包括当前的父节点地址和路径 ETX。

在 TinyOS 2.x 中 CTP 路由引擎的实现是通过 CtpRoutingEngineP 组件来实现的，其组件在“mytinyos/lib/net/ctp/CtpRoutingEngineP/”目录下，具体实现代码如代码 6-16 所示。

【代码 6-16】　CtpRoutingEngineP.nc

```
    generic module CtpRoutingEngineP(uint8_t routingTableSize,uint32_t minInterval,uint32_t
maxInterval)
    {
        provides
        {
            interface UnicastNameFreeRouting as Routing;
            interface RootControl;
            interface CtpInfo;
            interface StdControl;
            interface CtpRoutingPacket;
            interface Init;
        }
        uses
        {
            interface AMSend as BeaconSend;
            interface Receive as BeaconReceive;
            interface LinkEstimator;
            interface AMPacket;
            interface SplitControl as RadioControl;
            interface Timer<TMilli> as BeaconTimer;
```

```
            interface Timer<TMilli> as RouteTimer;
            interface Random;
            interface CollectionDebug;
            interface CtpCongestion;
            interface CompareBit;
        }
    }
```

在 CtpRoutingEngineP 组件中，通过 LinkEstimator 接口获得邻居表中的节点以及与该邻居节点的双向链路质量。

链路估计器和路由引擎之间的交流是通过 LinkEstimator 接口和 CompareBit 接口来进行的。在这两个接口中，其命令函数返回的链路质量值都是标准形式。其中，LinkEstimator.getQuality()的返回值越小，表示该通信链路的质量越好。

3. 转发引擎

转发引擎主要负责以下 5 种功能：

✧ 传递消息包到下一跳，在必要时重传以及向链路估计器传递应答信号。

✧ 决定何时向下一跳节点传输。

✧ 检测路由中的不一致，并通知路由引擎。

✧ 维护需要传输的消息包队列，该队列混合了本地产生的消息包和需要转发的消息包。

✧ 检测由应答信号丢失导致的单跳重复传输。

在 TinyOS 2.x 中 CTP 协议的转发引擎是通过 CtpForwardingEngineP 组件来实现的，其组件在“mytinyos/lib/net/ctp/CtpForwardingEngineP/”目录下，具体实现代码如代码 6-17 所示。

【代码 6-17】 CtpForwardingEngineP.nc

```
generic module CtpForwardingEngineP()
{
    provides
    {
        interface Init;
        interface StdControl;
        interface Send[uint8_t client];
        interface Receive[collection_id_t id];
        interface Receive as Snoop[collection_id_t id];
        interface Intercept[collection_id_t id];
        interface Packet;
        interface CollectionPacket;
        interface CtpPacket;
        interface CtpCongestion;
```

```
    }
    uses
    {
        interface AMSend as SubSend;
        interface Receive as SubReceive;
        interface Receive as SubSnoop;
        interface Packet as SubPacket;
        interface UnicastNameFreeRouting;
        interface SplitControl as RadioControl;
        interface Queue<fe_queue_entry_t*> as SendQueue;
        interface Pool<fe_queue_entry_t> as QEntryPool;
        interface Pool<message_t> as MessagePool;
        interface Timer<TMilli> as RetxmitTimer;
        interface LinkEstimator;
        interface Timer<TMilli> as CongestionTimer;
        interface Cache<message_t*> as SentCache;
        interface CtpInfo;
        interface PacketAcknowledgements;
        interface Random;
        interface RootControl;
        interface CollectionId[uint8_t client];
        interface AMPacket;
        interface CollectionDebug;
        interface Leds;
    }
}
```

转发引擎的 3 个关键函数分别是：消息接收/转发函数、传输消息的任务函数和传输完毕后的处理函数。

(1) 消息接收/转发函数。

消息接收函数由 CtpForwardingEngineP 组件的 SubReceive.receive 函数实现的，receive 函数决定节点是否应当转发当前接收的消息包。此函数有一个小的缓冲区保存最近接收到的消息包，通过检查这个缓冲区可以确定是否有重复的消息包，如果这个消息包有重复使用，就可以调用消息转发 forward 函数。SubReceive.receive 函数的具体实现如代码 6-18 所示。

【代码 6-18】 CtpForwardingEngineP.nc

```
event message_t*
SubReceive.receive(message_t* msg, void* payload, uint8_t len)
{
    collection_id_t collectid;
```

```
bool duplicate = FALSE;
fe_queue_entry_t* qe;
uint8_t i, thl;

collectid = call CtpPacket.getType(msg);
thl = call CtpPacket.getThl(msg);
thl++;
call CtpPacket.setThl(msg, thl);
call CollectionDebug.logEventMsg(NET_C_FE_RCV_MSG,
                    call CollectionPacket.getSequenceNumber(msg),
                    call CollectionPacket.getOrigin(msg),
                    thl--);
if (len > call SubSend.maxPayloadLength())
{
    return msg;
}

if (call SentCache.lookup(msg))
{
    call CollectionDebug.logEvent(NET_C_FE_DUPLICATE_CACHE);
    return msg;
}

if (call SendQueue.size() > 0)
{
    for (i = call SendQueue.size(); --i;)
    {
        qe = call SendQueue.element(i);
        if (call CtpPacket.matchInstance(qe->msg, msg))
        {
            duplicate = TRUE;
            break;
        }
    }
}

if (duplicate)
{
    call CollectionDebug.logEvent(NET_C_FE_DUPLICATE_QUEUE);
```

```
            return msg;
            }

        else if (call RootControl.isRoot())
        return signal Receive.receive[collectid](msg,call Packet.getPayload(msg,
                                                call Packet.payloadLength(msg)),
                                                call Packet.payloadLength(msg));

        else if (!signal Intercept.forward[collectid](msg,
                                                    call Packet.getPayload(msg,
                                                    call Packet.payloadLength(msg)),
                                                    call Packet.payloadLength(msg)))
        return msg;
        else
        {
            dbg("Route", "Forwarding packet from %hu.\n", getHeader(msg)->origin);
             return forward(msg);
        }
    }
```

(2) 传输消息的任务函数。

传输消息的任务函数由 CtpForwardingEngineP 组件的 sendTask 函数实现，sendTask 函数会对需要转发的消息包进行格式化，即重新组织消息包的内部结构。通过检查收到的消息包，它可以判断传输过程中是否存在路由循环，并检查传输队列是否有空缺，如果传输队列已满，丢弃该消息包并置位拥塞标识位；如果传输队列为空，则提交 sendTask 任务，即直接发送出去，无需排队。

sendTask 函数检查位于传输队列头部的消息包，为下一条传输做好准备，即直接发送出去，无需排队。

(3) 消息处理完毕后的处理函数。

消息处理完毕后的处理函数由 CtpForwardingEngineP 组件的 sendDone 函数实现，当传输完成后，sendDone 函数检查发送结果。有以下几种情况：

✧　如果消息包发出后有收到应答信号，就从传输队列中移除该消息包。

✧　如果消息包由本地节点产生，则把 sendDone 信号传递给上层组件。

✧　如果是转发消息包，就把该消息包仍会到转发消息的缓冲区。

✧　如果传输队列中还有剩余的消息包，例如已发送的消息包没有得到应答，就启动一个随机定时器以重新提交 sendTask 任务。

6.4.2　CTP 协议实例

以下内容将实现任务描述 6.D.2，使用 CTP 协议实现数据的传输。完成此任务描述需要以下几个步骤：

(1) 在“mytinyos/apps”目录下创建 MultihopOscilloscope 文件夹。

(2) 在 MultihopOscilloscope 文件夹下创建并编写 MultihopOscilloscopeApp.nc 文件和 MultihopOscilloscopeC.nc 文件。其中 MultihopOscilloscopeApp.nc 是顶层配置组件。

(3) 编写 Makefile 文件。

1. 创建 MultihopOscilloscope 文件夹

打开 cygwin，在“mytinyos/apps”目录下，输入 mkdir MultihopOscilloscope，创建文件夹，具体操作如图 6-5 所示。

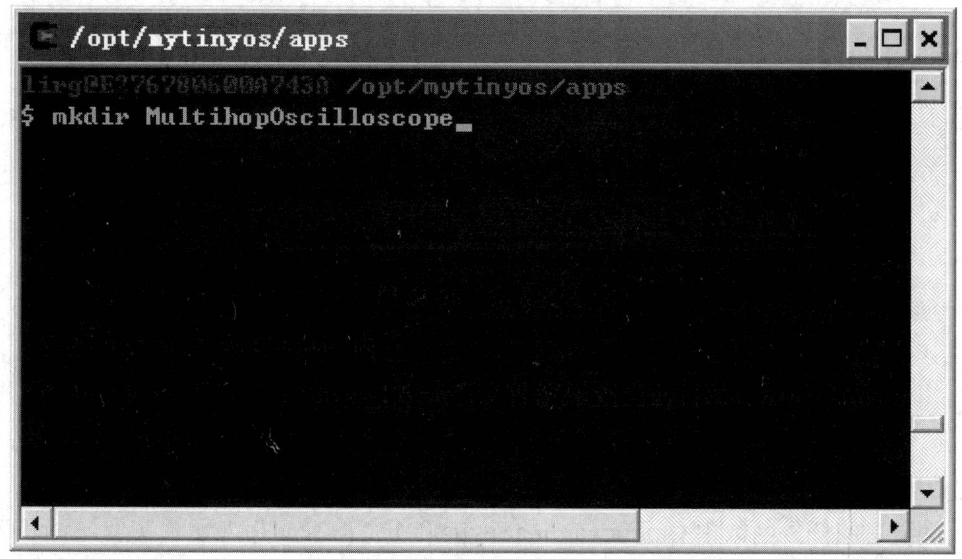

图 6-5 创建 MultihopOscilloscope 文件夹

2. 创建并编写主要组件

在 MultihopOscilloscope 文件夹下创建 MultihopOscilloscopeApp.nc 文件和 Multihop OscilloscopeC.nc 文件。

(1) MultihopOscilloscopeAppC.nc。

在 MultihopOscilloscopeApp.nc 文件中主要列出了实现 CTP 协议数据传输的各个组件之间的关系，其主要代码如描述 6.D.2 MultihopOscilloscopeAppC.nc 所示。

【描述 6.D.2】 MultihopOscilloscopeAppC.nc

```
configuration MultihopOscilloscopeAppC { }
implementation
{
    components MainC, MultihopOscilloscopeC, LedsC, new TimerMilliC();

    MultihopOscilloscopeC.Boot -> MainC;
    MultihopOscilloscopeC.Timer -> TimerMilliC;
    MultihopOscilloscopeC.Leds -> LedsC;
```

```
    components CollectionC as Collector,
               ActiveMessageC, new CollectionSenderC(0x93);

    MultihopOscilloscopeC.RadioControl -> ActiveMessageC;
    MultihopOscilloscopeC.RoutingControl -> Collector;
    MultihopOscilloscopeC.Send -> CollectionSenderC;
    MultihopOscilloscopeC.Receive -> Collector.Receive[0x93];
    MultihopOscilloscopeC.RootControl -> Collector;
}
```

(2) MultihopOscilloscopeC.nc。

MultihopOscilloscopeC.nc 文件是实现 CTP 协议的主组件，是 CTP 协议的主体实现部分，其主要代码如描述 6.D.2　MultihopOscilloscopeC.nc 所示。

【描述 6.D.2】　MultihopOscilloscopeC.nc

```
#include "Timer.h"
#define MYID 2

module MultihopOscilloscopeC
{
    uses
    {
        interface Boot;
        interface SplitControl as RadioControl;
        interface StdControl as RoutingControl;
        interface Send;
        interface Receive;
        interface RootControl;
        interface Timer<TMilli>;
        interface Leds;
    }
}
implementation
{
    message_t packet;
    bool sendbusy=FALSE;
    typedef nx_struct EasyCollectionMsg
    {
        nx_uint16_t data;
    }EasyCollectionMsg;
```

```
event void Boot.booted()
{
        call RadioControl.start();
}

/*无线开启*/
event void RadioControl.startDone(error_t error)
{

        if (error != SUCCESS)
                call RadioControl.start();
        else
        {
                call RoutingControl.start();
                /*设置根节点*/
                if (MYID == 1)
                {
                        call RootControl.setRoot();
                        call Leds.led0On();
                }
                else
                {
                        //开启定时器
                        call Timer.startPeriodic(2000);
                }
        }
}

event void RadioControl.stopDone(error_t error)
{

}

/*接收数据*/
event message_t* Receive.receive(message_t* msg, void *payload, uint8_t len)
{
        call Leds.led1Toggle();
}
```

```
    /*定时事件发送函数*/
    event void Timer.fired()
    {
        EasyCollectionMsg* msg;
        call Leds.led1Toggle();
        msg=(EasyCollectionMsg*)call
                    Send.getPayload(&packet,sizeof(EasyCollectionMsg));
        msg->data =0xBBBB;
        call Send.send(&packet, sizeof(EasyCollectionMsg));
        call Leds.led2Toggle();
    }

    /*发送成功触发 Send.sendDone 事件*/
    event void Send.sendDone(message_t* msg, error_t error)
    {
        sendbusy = FALSE;
        call Leds.led2Toggle();
    }
}
```

3. 编写 Makefile 文件

在 MultipOscilloscope 文件夹下创建 Makefile 文件，并在 Makefile 文件中添加描述 6.D.2 Makefile 文件内容。

【描述 6.D.2】　Makefile 文件

```
//指明顶层配件组件
COMPONENT=MultihopOscilloscopeAppC
CFLAGS+= -I$(DHROOT)/tos/lib/net/ -I$(DHROOT)/tos/lib/net/ctp -I$(DHROOT)/tos/lib/net/4bitle
include $(MAKERULES)
```

4. CTP 协议可视化组件

程序编译成功后，在 cygwin 下输入“make cc2530 docs”命令生成可视化组件关系图，如图 6-6 所示。

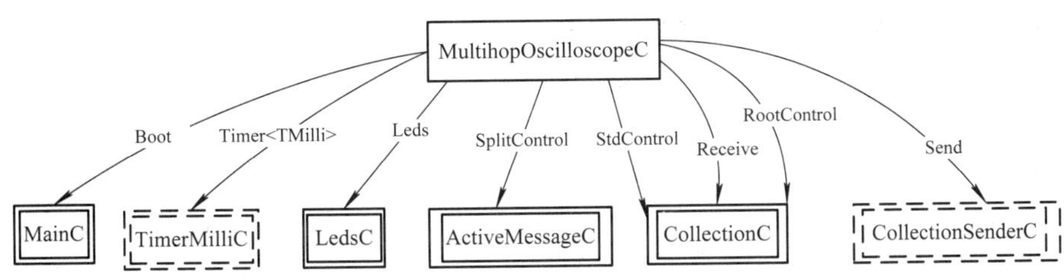

图 6-6　CTP 协议可视化组件关系图

 **注意**：由于 CTP 协议使用的组件比较多，并且关系比较复杂，组件与组件以及组件与接口之间关系，请读者参照可视化关系图进行更深一步的研究。

5. 实验现象

将程序烧写至设备中，可以使用 ZigbeeSniffer 观察收发的 CTP 协议数据包，如图 6-7 所示。

帧控制							帧序号	地址信息				帧载荷	LQI
帧类型	加密	数据待传	确认请求	网内/网际	目的地址模式	源地址模式		目的 PANID	目的地址	通 PANID	源地址	3F 70 00 00 80	
数据帧	未加密	否	否	网内	16 位地址	16 位地址	177	0x22	0x1	无	0x2	FF FF 00 00	243

图 6-7　CTP 数据包

小　结

通过本章的学习，应该了解到：

◆ 在汇聚服务中，一个节点可以有四种存在方式：生产者、消费者、侦听者和网络处理者。

◆ 汇聚协议的主要接口有 Send 接口、Receive 接口、Intercept 接口和 RootControl 接口。

◆ 汇聚服务主要通过 CollectionC 组件、CollectionSenderC 和 CollectionSenderP 组件来进行汇聚服务。

◆ 分发协议主要用于实现共享变量的网络一致性。网络中的每个节点都保存有该共享变量的一个副本。

◆ 在分发协议中分发服务提供了两个主要的接口：DisseminationValue 接口和 DisseminationUpdate 接口。

◆ 在分发协议中比较重要的组件为 DisseminatorC 组件。

练　习

1．汇聚协议的主要接口有______、______、______和______。

2．汇聚服务主要通过______组件、______组件和______组件来进行汇聚服务。

3．在分发协议中分发服务提供了两个主要的接口：______和______。

4．利用分发协议编写一个程序控制 LED 闪烁。

实践篇

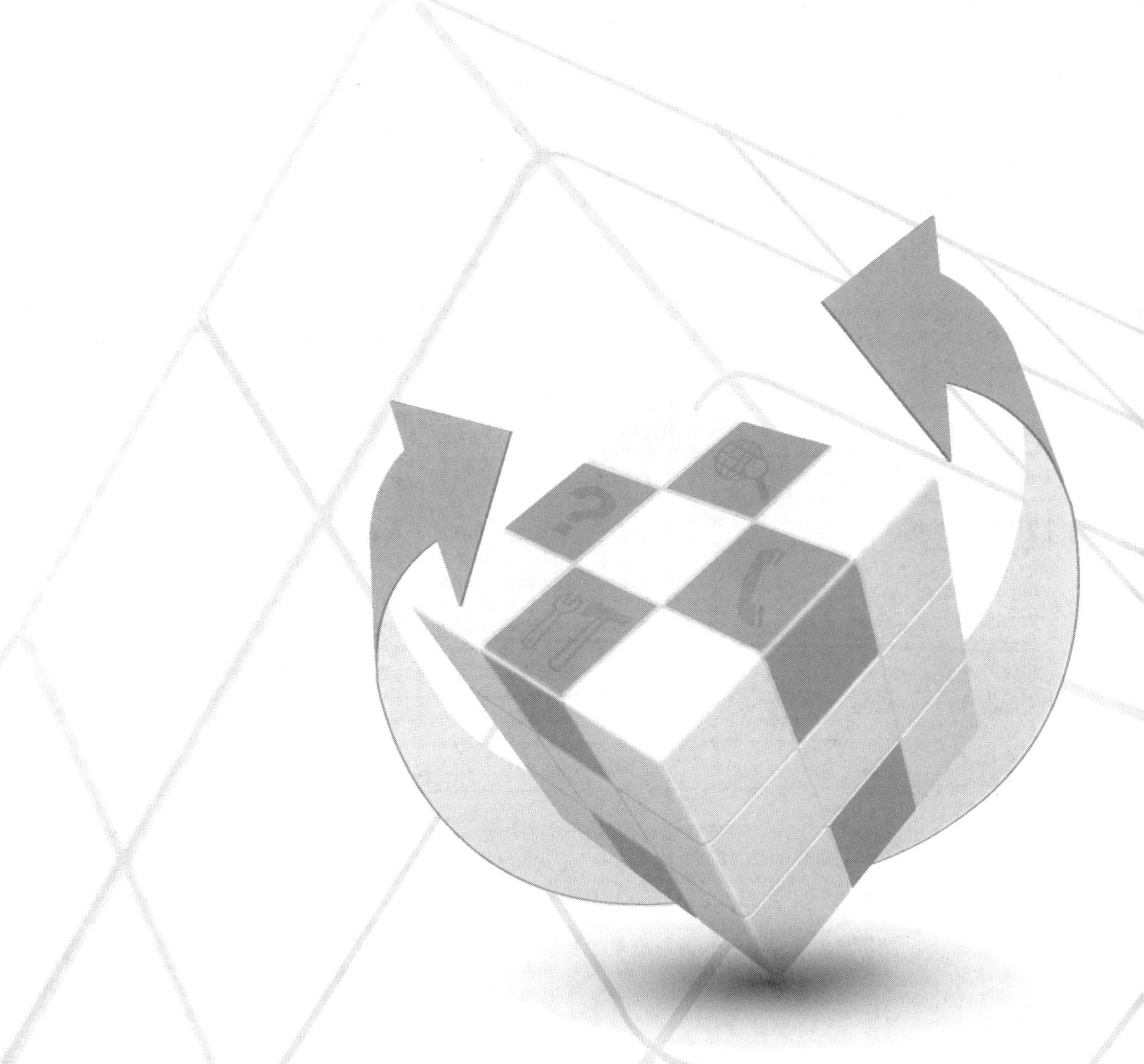

实践 1　TinyOS 概述

实践指导

➢ 实践 1.G.1

TinyOS 开发环境安装。

【分析】

(1) TinyOS 开发环境需要在 Linux 系统下进行安装。

(2) 为了可以在 Windows 系统上进行 TinyOS 开发需要安装 Cygwin。

(3) TinyOS 开发环境包括 TinyOS 操作系统本身和一系列辅助开发工具，本书推荐安装的完整工具链如表 S1-1 所示。

表 S1- 1　Visual Studio 2008 安装的配置要求

工具名称	版本	说　明
Cygwin	从网上下载最新版即可	在 Windows 下安装模拟 Linux 系统的程序包
JAVA JDK	JDK 1.5	在 Windows 下安装，为 TinyOS 的部分工具命令提供支持，目前的 TinyOS 需要 JDK1.5 版
TinyOS	2.1	在 Cygwin 下安装，TinyOS 操作系统本身
nesC	1.3	在 Cygwin 下安装，nesC 语言库及编译器
TinyOS-deputy	1.1	在 Cygwin 下安装，TinyOS 开发工具
TinyOS-tools	1.3	在 Cygwin 下安装，TinyOS 开发工具
graphviz	1.1	在 Windows 下安装，为 TinyOS 的可视化组件视图提供支持
mytinyos	1.6	在 Cygwin 下安装，本书配套的基于 CC2530 的开发平台
EditPlus	3.4.1	在 Windows 下安装，nesC 程序代码编辑器
IAR For 51	8.1	在 Windows 下安装，为 nesC 程序提供本地化编译和烧写

【参考解决方案】

以下工具全部来自本书配套资源。

1．在 Windows 下安装 Cygwin

(1) 解压 cygwin-files.zip 安装文件如图 S1-1 所示。

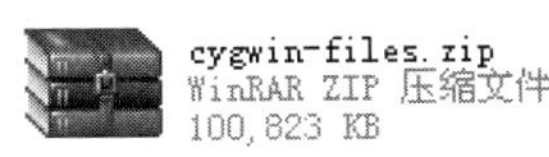

图 S1-1　解压 Cygwin 安装包

(2) 双击“cygwin-files”文件夹内的“setup.exe”文件，如图 S1-2 所示。

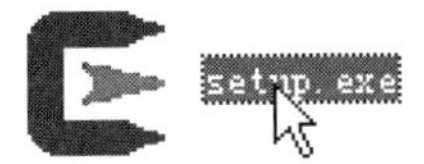

图 S1-2　运行 setup.exe

(3) 进入安装界面后，点击“下一步”，如图 S1-3 所示。

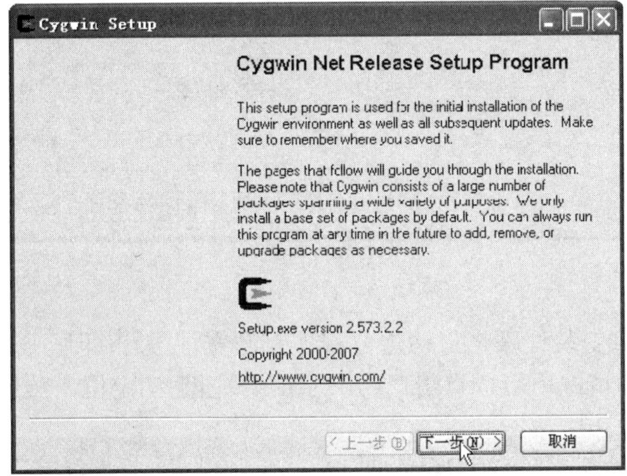

图 S1-3　点击“下一步”

(4) 在随后出现的安装界面内，选择“Install from Local Directory”，而后点击“下一步”，如图 S1-4 所示。

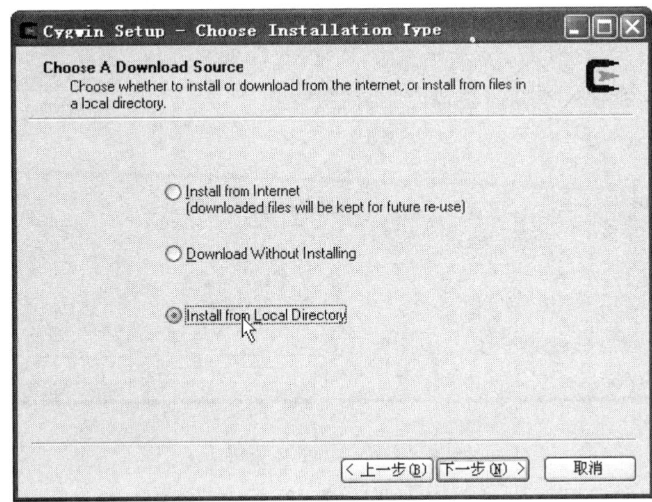

图 S1-4　选择安装类型

(5) 在随后出现的安装界面内，输入安装路径(即“Root Directory”，本例安装到了 D 盘)，然后点击“下一步”，如图 S1-5 所示。

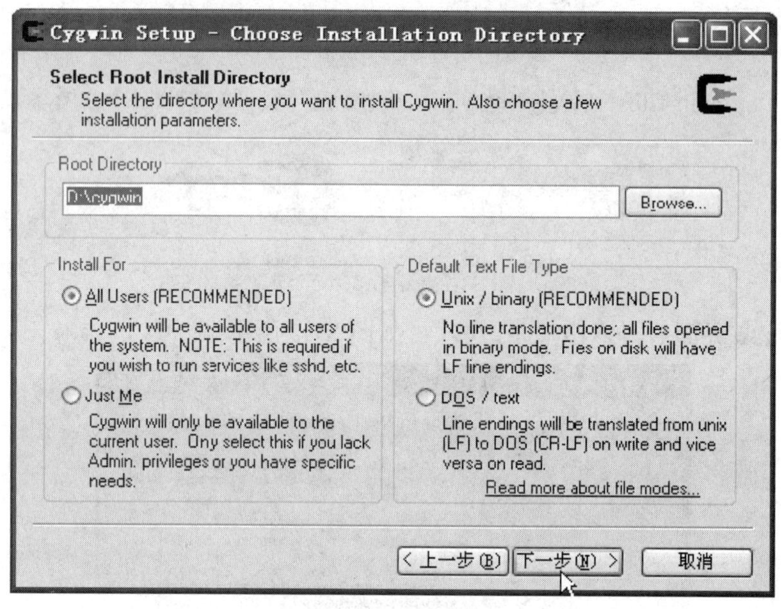

图 S1-5　设置安装路径

(6) 一般情况下，安装程序将自动定位安装包源文件位置(即压缩包解压后的位置)，如图 S1-6 所示。必要的情况下可以点击“Browser”按钮手动定位，然后点击“下一步”。

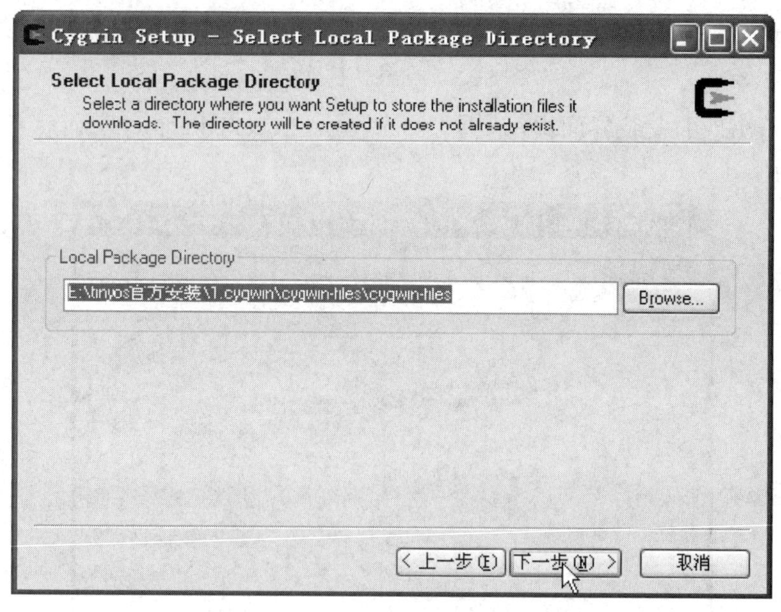

图 S1-6　定位安装包

(7) 在随后出现的界面，保持默认选择，如图 S1-7 所示，然后点击“下一步”。

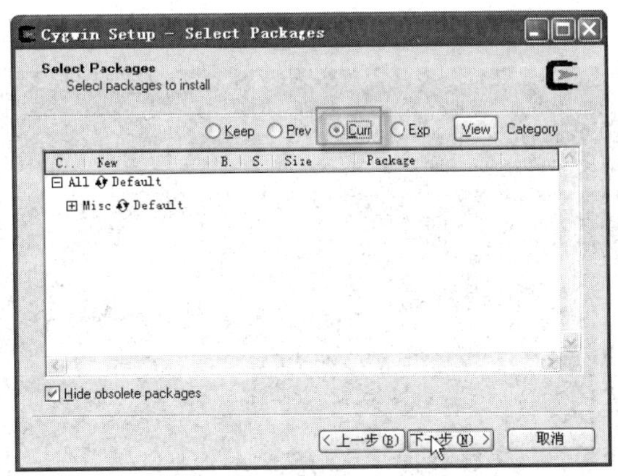

图 S1-7　选择安装包

(8) 安装程序开始安装，如图 S1-8 所示。

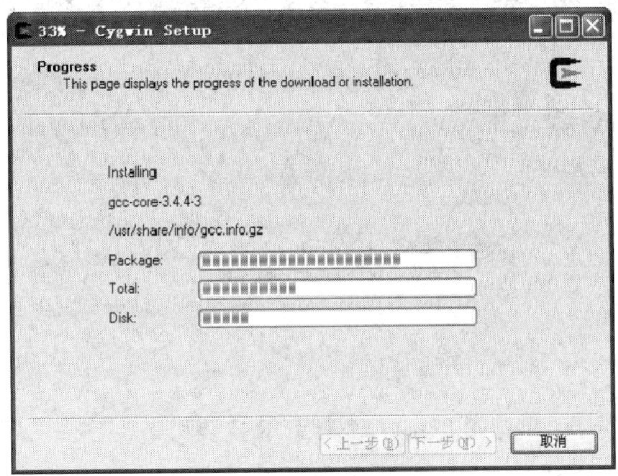

图 S1-8　安装进度

(9) 在随后出现的安装界面内，用户可以选择要创建的快捷方式，如图 S1-9 所示，最后点击“完成”按钮。

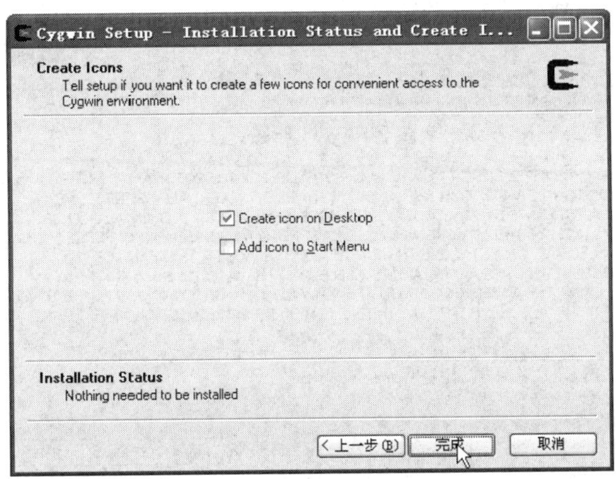

图 S1-9　创建快捷方式

(10) 点击桌面上的 Cygwin 快捷方式即可启动 Cygwin，如图 S1-10 所示。

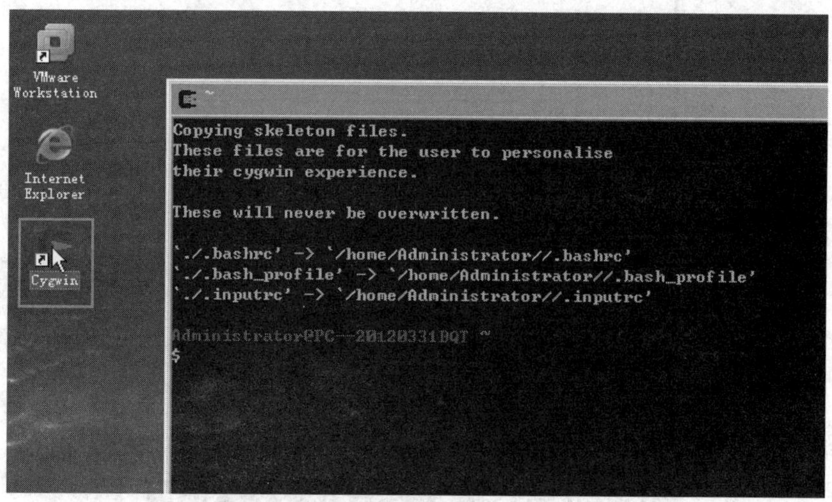

图 S1-10　首次启动 Cygwin

2．在 Windows 下安装 JDK

(1) 双击运行 JDK 安装包，如图 S1-11 所示。

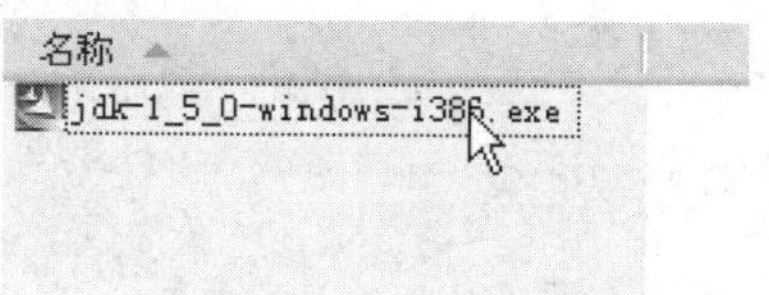

图 S1-11　运行 JDK 安装程序

(2) 在出现的安装界面内，安装程序要求用户接受安装协议，如图 S1-12 所示，然后点击“Next”。

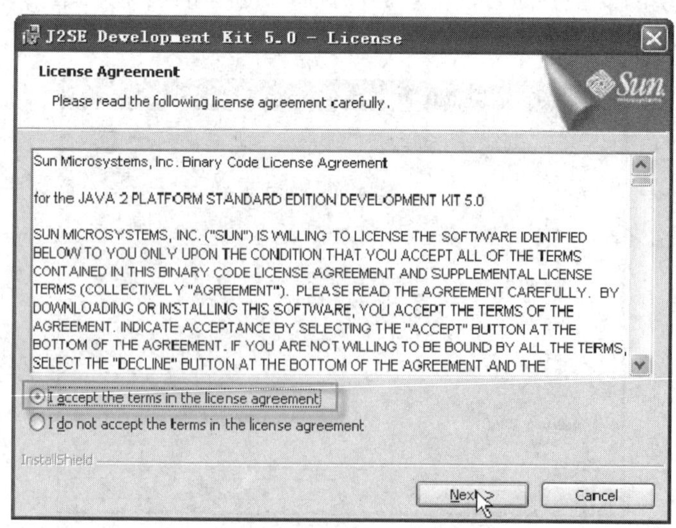

图 S1-12　接受安装协议

(3) 在随后出现的安装界面内，默认选择安装设置，如图 S1-13 所示，然后点击“Next”。

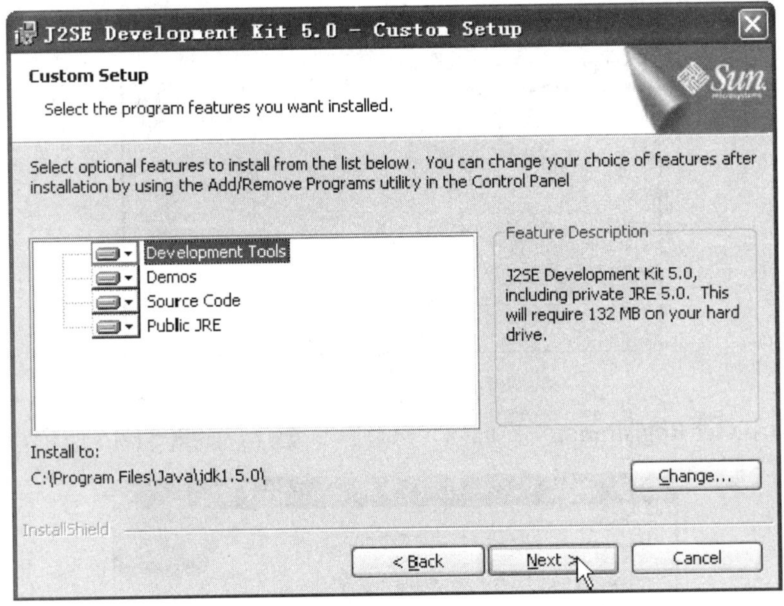

图 S1-13　安装设置

(4) 安装程序进入安装，如图 S1-14 所示。

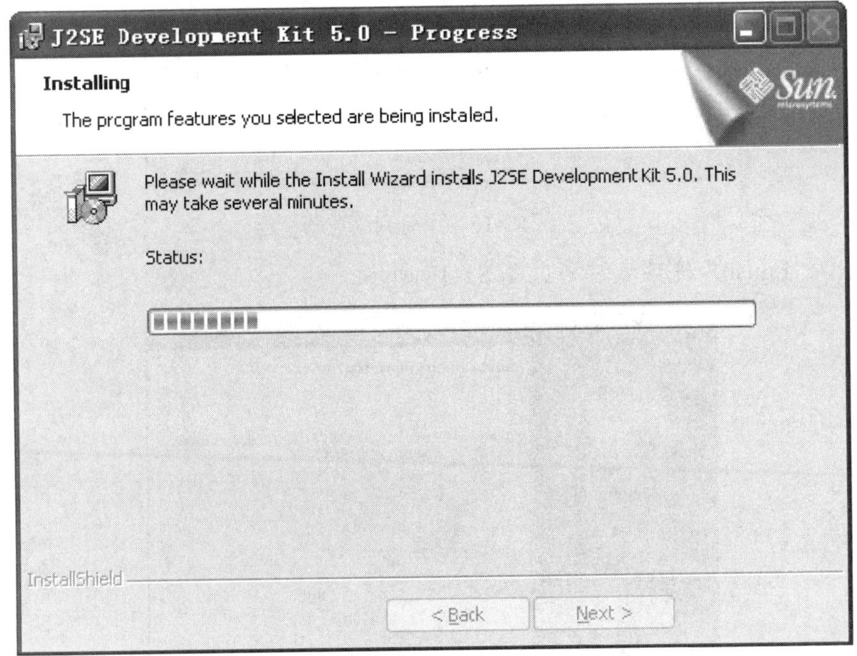

图 S1-14　JDK 安装

(5) 在随后出现的安装界面内，默认选择“运行环境”设置，如图 S1-15 所示，然后点击“Next”。

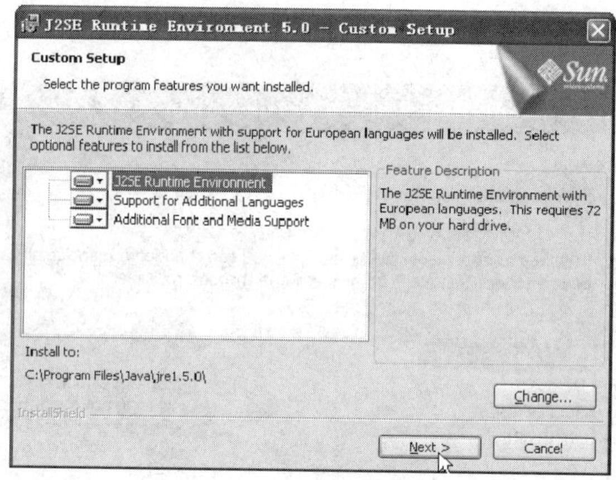

图 S1-15　运行环境设置

(6) 在“Browser Registration”界面内，保持默认选择，如图 S1-16 所示，点击“Next”。

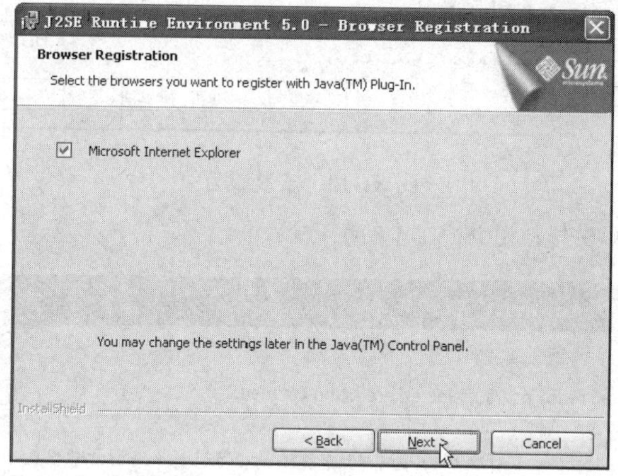

图 S1-16　注册到浏览器

(7) 点击“Finish”完成安装，如图 S1-17 所示。

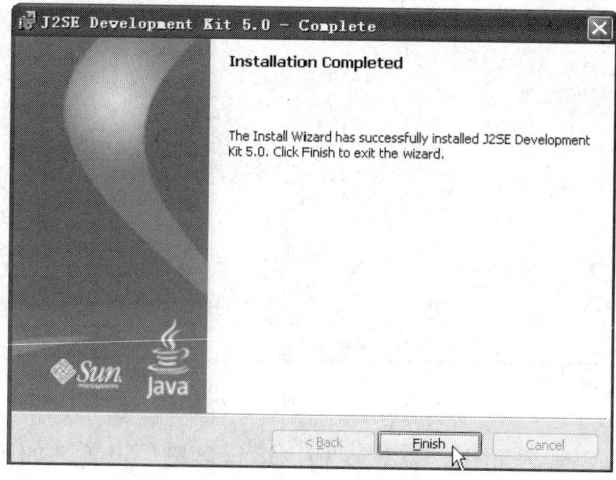

图 S1-17　完成安装

3. 在 Cygwin 下安装 TinyOS

(1) 在 Windows 下将 TinyOS 相关安装包拷贝到“D:\cygwin\tmp”目录内，共 4 个文件，如图 S1-18 所示。

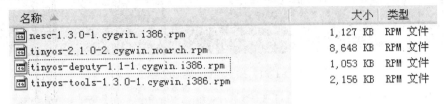

名称	大小	类型
nesc-1.3.0-1.cygwin.i386.rpm	1,127 KB	RPM 文件
tinyos-2.1.0-2.cygwin.noarch.rpm	8,648 KB	RPM 文件
tinyos-deputy-1.1-1.cygwin.i386.rpm	1,053 KB	RPM 文件
tinyos-tools-1.3.0-1.cygwin.i386.rpm	2,156 KB	RPM 文件

图 S1-18　拷贝 TinyOS 安装包

(2) 在 Cygwin 内，使用“cd” 命令进入 tmp 目录，可以使用“ls”命令查看到“/tmp”下的安装包，如图 S1-19 所示。

```
/tmp

Administrator@PC--20120331BQT ~
$ cd /tmp

Administrator@PC--20120331BQT /tmp
$ ls
nesc-1.3.0-1.cygwin.i386.rpm        tinyos-deputy-1.1-1.cygwin.i386.rpm
tinyos-2.1.0-2.cygwin.noarch.rpm    tinyos-tools-1.3.0-1.cygwin.i386.rpm

Administrator@PC--20120331BQT /tmp
$ _
```

图 S1-19　进入“/tmp”目录

(3) 使用“rpm –ivh nesc-1.3.0-1.cygwin.i386.rpm”命令安装 nesC1.3，如图 S1-20 所示。

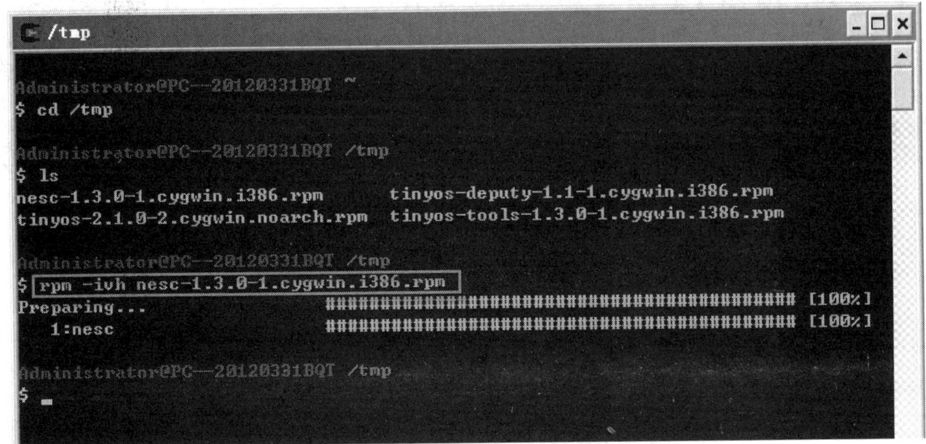

图 S1-20　安装 nesC1.3

(4) 使用“rpm –ivh tinyos-deputy-1.1-1.cygwin.i386.rpm”命令安装 TinyOS-deputy，如图 S1-21 所示。

```
Administrator@PC--20120331BQT /tmp
$ rpm -ivh tinyos-deputy-1.1-1.cygwin.i386.rpm
Preparing...                ########################################### [100%]
   1:deputy                 ########################################### [100%]

Administrator@PC--20120331BQT /tmp
$
```

图 S1-21 安装 TinyOS-deputy

(5) 使用“rpm –ivh tinyos-tools-1.3.0-1.cygwin.i386.rpm”命令安装 TinyOS-tools，如图 S1-22 所示。

```
Administrator@PC--20120331BQT /tmp
$ rpm -ivh tinyos-tools-1.3.0-1.cygwin.i386.rpm
Preparing...                ########################################### [100%]
   1:tinyos-tools           ########################################### [100%]
giveio-install: Driver already installed
Installing Java JNI code in /cygdrive/c/Program Files/Java/jdk1.5.0/jre/bin ...

done.

Administrator@PC--20120331BQT /tmp
$ _
```

图 S1-22 安装 TinyOS-tools

(6) 使用“rpm –ivh tinyos-2.1.0-2.cygwin.noarch.rpm”命令安装 TinyOS2.1(注意，TinyOS 的安装要在 tinyos-tools 包的后面)，如图 S1-23 所示。

```
Administrator@PC--20120331BQT /tmp
$ rpm -ivh tinyos-2.1.0-2.cygwin.noarch.rpm
Preparing...                ########################################### [100%]
   1:tinyos                 ########################################### [100%]

Administrator@PC--20120331BQT /tmp
$ _
```

图 S1-23 安装 TinyOS 2.1

4．在 Windows 下安装 graphviz

(1) 双击 graphviz 安装包，如图 S1-24 所示。

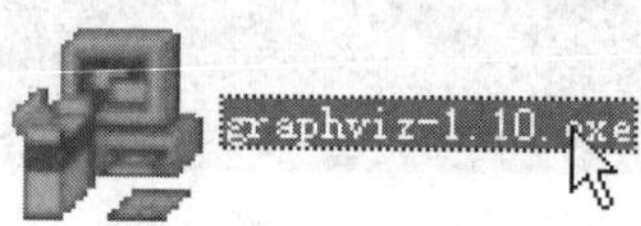

图 S1-24 双击运行 graphviz

(2) 在随后出现的界面内点击“Next”，如图 S1-25 所示。

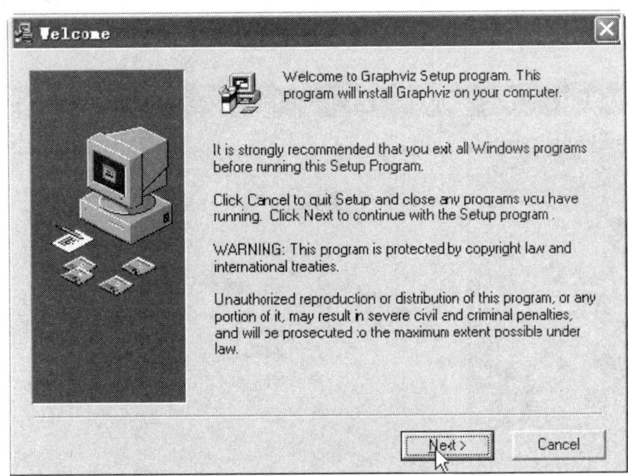

图 S1-25　进入下一步

(3) 默认选择安装路径且默认使用安装程序推荐的开始菜单，点击“Next”，如图 S1-26 和图 S1-27 所示。

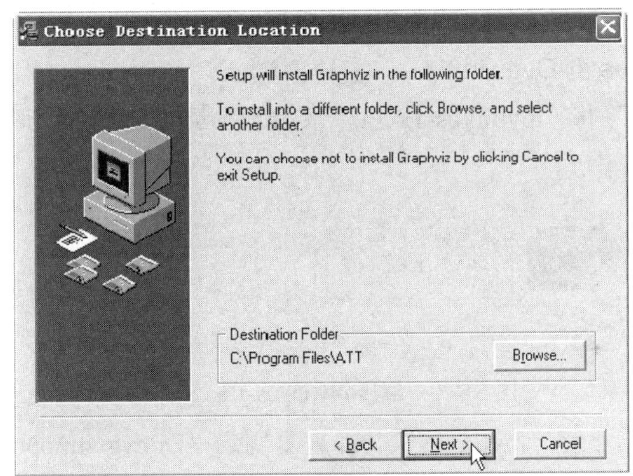

图 S1-26　选择安装路径

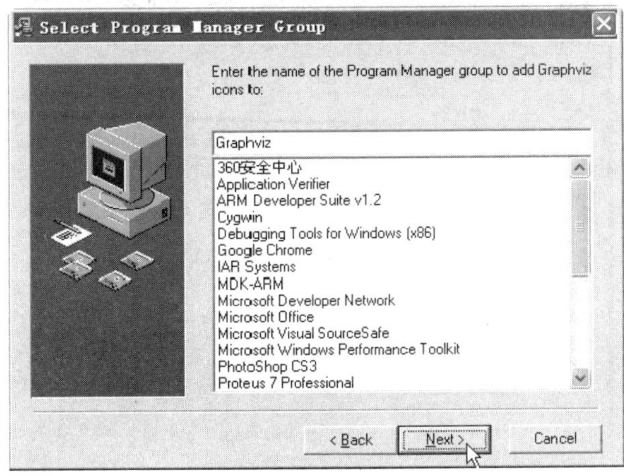

图 S1-27　选择要创建的开始菜单

(4) 安装完成后，点击“Finish”，如图 S1-28 所示。

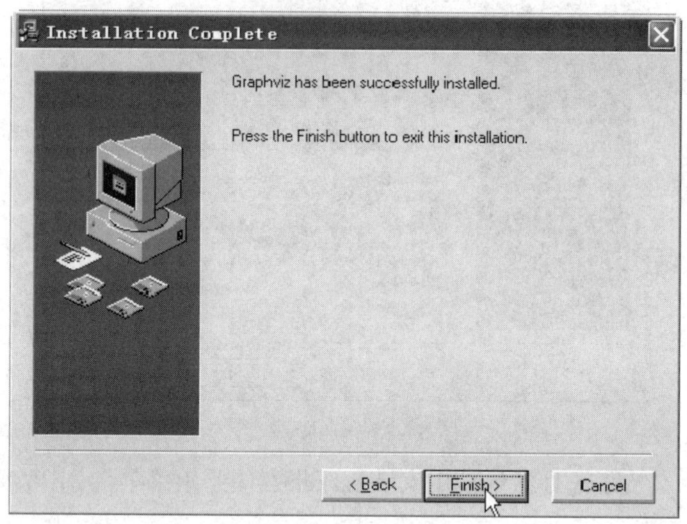

图 S1-28　完成安装

5. 安装 mytinyos 到 Cygwin 内

(1) 在 Windows 下将“mytinyos-1.6.rar”文件解压到当前目录，形成“mytinyos”文件夹，如图 S1-29 所示。

图 S1-29　解压 mytinyos-1.6.rar 文件

(2) 在 Windows 下将“mytinyos”文件夹复制到“D:\cygwin\opt”目录，如图 S1-30 所示。

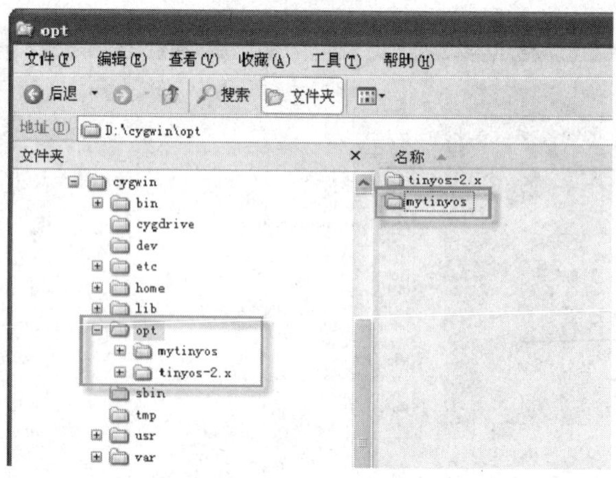

图 S1-30　复制到 opt 目录

(3) 在 Windows 下用 Editplus 或记事本打开“D:\cygwin\home\Administrator”目录下的“.bashrc”文件，在文件的最后增加如图 S1-31 所示命令，为 mytinyos 设置环境变量。

```
# Some shortcuts for different direc
# alias ls='ls -hF --color=tty'
# alias dir='ls --color=auto --forma
# alias vdir='ls --color=auto --form
# alias ll='ls -l'
# alias la='ls -A'
# alias l='ls -CF'


# Functions
# #########

# Some example functions
# function settitle() { echo -ne "\e

#为mytinyos设置环境
source /opt/mytinyos/myenv.sh
cd /opt/mytinyos/apps
```

图 S1-31　为 mytinyos 设置环境变量

(4) 重新启动 Cygwin 将看到如图 S1-32 所示的执行结果。

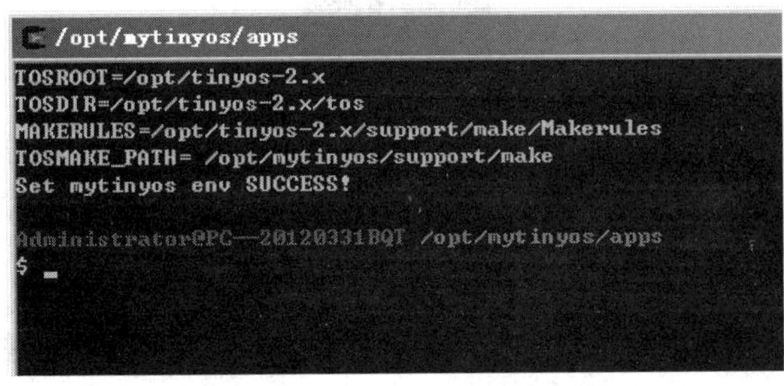

图 S1-32　重新启动 Cygwin

(5) 在 Cygwin 内运行“tos-check-env”命令，检查 TinyOS 开发环境是否安装成功，若出现如图 S1-33 所示的类似界面，则表明以上安装是成功的。

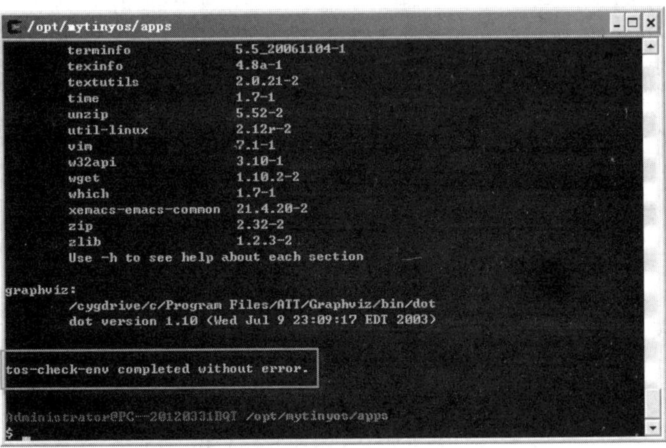

/opt/mytinyos/apps
terminfo 5.5_20061104-1
texinfo 4.8a-1
textutils 2.0.21-2
time 1.7-1
unzip 5.52-2
util-linux 2.12r-2
vim 7.1-1
w32api 3.10-1
wget 1.10.2-2
which 1.7-1
xemacs-emacs-common 21.4.20-2
zip 2.32-2
zlib 1.2.3-2
Use -h to see help about each section
graphviz:
/cygdrive/c/Program Files/ATT/Graphviz/bin/dot
dot version 1.10 (Wed Jul 9 23:09:17 EDT 2003)
tos-check-env completed without error.
Administrator@PC--20120331BQT /opt/mytinyos/apps
$

图 S1-33　检查 TinyOS 开发环境的安装

6. EditPlus 安装

(1) 双击运行 EditPlus 安装程序，如图 S1-34 所示，程序即可自动完成安装。

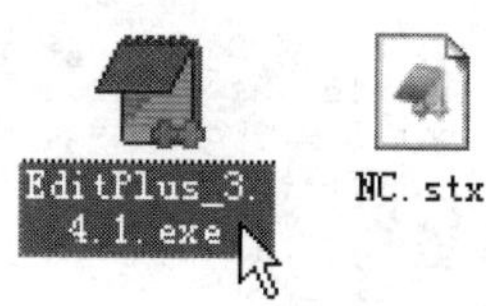

图 S1-34 EditPlus 安装程序

(2) 安装完后，将配套资源提供的“NC.stx”文件复制到“C:\Program Files\EditPlus_3.4.1.1123”目录内。

(3) 双击桌面上的“EditPlus”快捷方式，启动 EditPlus 程序，如图 S1-35 所示。

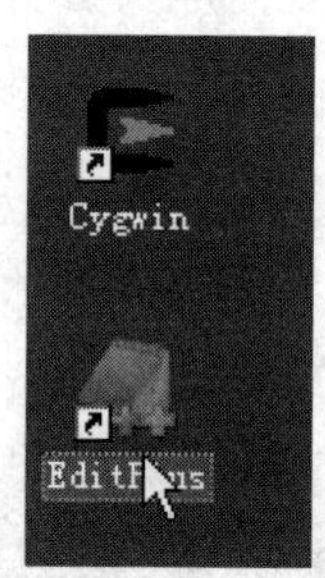

图 S1-35 启动 EditPlus

(4) 点击 EditPlus 程序的“工具->参数设置”，然后点击“参数设置”窗口中的“设置&语法”选项，如图 S1-36 所示。

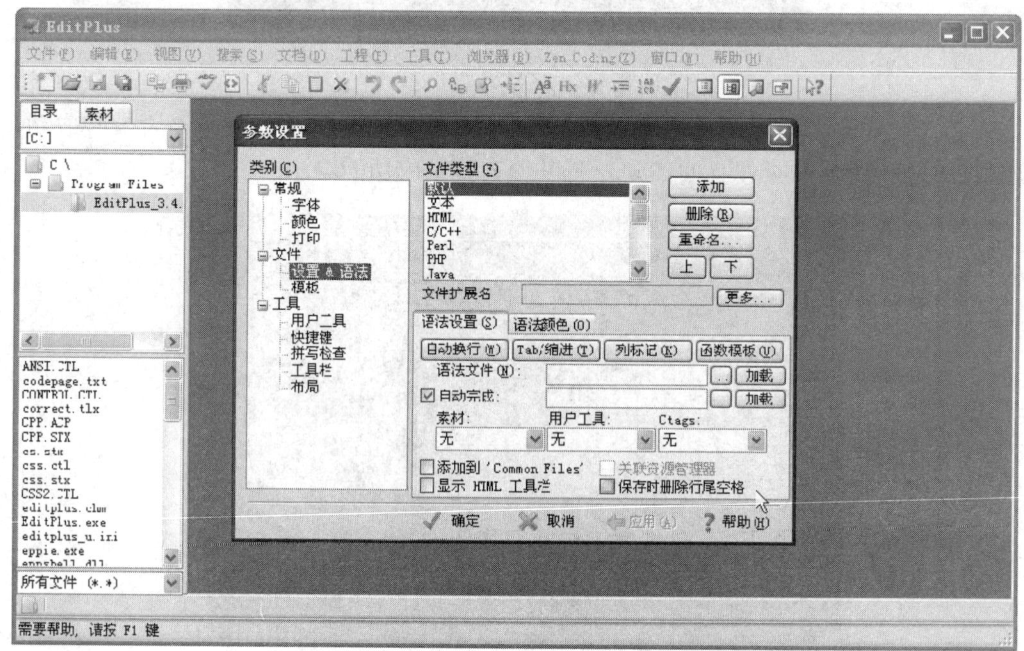

图 S1-36 参数设置

(5) 点击“添加”按钮，在弹出的窗口内输入“nesC 文件”，如图 S1-37 所示，然后点击“确定”按钮。

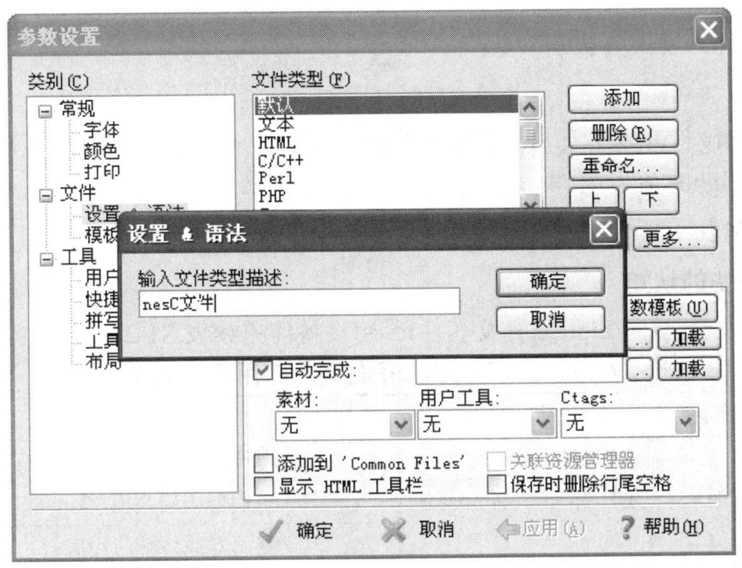

图 S1-37　输入文件类型描述

(6) 在“文件扩展名”编辑框内输入“nc”，点击“语法文件”编辑框右边的“..”按钮，找到“C:\Program Files\EditPlus_3.4.1.1123\nc.stx”文件，如图 S1-38 所示。

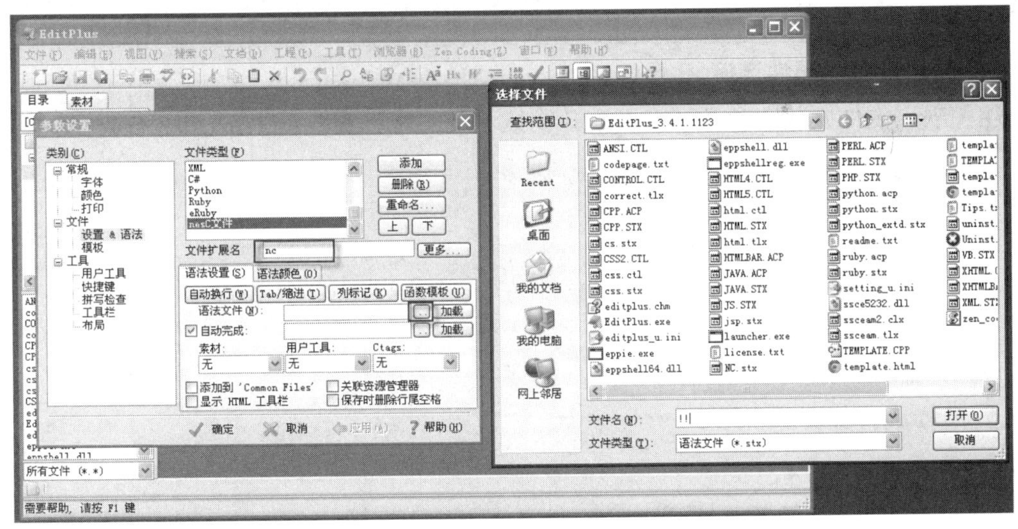

图 S1-38　添加语法文件

(7) 点击“参数设置”窗口内的“确定”按钮，EditPlus 对 nesC 文件的语法高亮支持设置完毕。

7. IAR For 51 安装

安装过程请参考相关资料，或参考本套系列教材《Zigbee 开发技术及实践》的实践篇

1.G.1。

➢ 实践 1.G.2

TinyOS 硬件开发工具认知。

【分析】

本书所用的硬件开发工具与本套系列教材《Zigbee 开发技术及实践》所用的硬件是一样的，即均为 Zigbee 开发套件。

【参考解决方案】

1．硬件设备的认知

TinyOS 开发套件(即 Zigbee 开发套件)所用设备清单如表 S1-2 所示。

表 S1-2 TinyOS 开发套件所用设备清单

序号	设备名称	规格型号	数量	说 明
1	核心板	CC2530 Core	7	协调器、路由器的核心板
2	协调器底板	DH-2530-Coordinator	1	协调器应用底板，TinyOS 开发可以不使用
3	路由器底板	DH-2530-Router	6	路由器或终端应用底板，TinyOS 开发的主要设备
4	Zigbee 仿真器	SmartRF04EB	1	程序下载调试
5	电源适配器	5V 电源	1	协调器和路由器的供电电源
6	USB 转串口	FT232	1	协调器与 PC 串口通讯
7	串口连接线		1	协调器和其他设备，如 GPRS 串口通讯线

2．驱动安装及硬件连接

相关软、硬件安装请参考《Zigbee 开发技术及实践》实践篇 1.G.3 和 1.G.4。

实践 2　nesC 语言基础

实践指导

➢ 实践 2.G.1

用随机数模拟数据定时采集，并点亮 LED。

【分析】

(1) 随机数生成，需要用到 Random 接口以及提供该接口的 RandomC 组件。

(2) 定时功能，需要用到 Timer 接口以及提供该接口的 TimerMilliC 组件。

(3) LED 控制使用 Leds 接口以及提供该接口的 LedsC 组件。

【参考解决方案】

1. 程序目录建立

在 cygwin 的“opt/mytinos/apps/”目录下建立“RandomToLed”目录。

2. 程序设计

在“opt/mytinos/apps/RandomToLed/”目录下建立 3 个文件：

✧ RandomToLedC.nc：程序核心应用模块。

✧ RandomToLedAppC.nc：程序顶层配件。

✧ Makefile：make 脚本文件。

(1) 编写 RandomToLedC.nc 文件，代码如下：

```
module RandomToLedC
{
    uses
    {
        interface Boot;
        interface Leds;
        interface Random;
        interface Timer<TMilli> as Timer;
    }
}
implementation
{
    //采集数据的任务
```

```
task void DoTask()
{
    //通过随机数模拟数据采集
    uint16_t val = call Random.rand16();

    if (val & 0x0004)
        call Leds.led2On();
    else
        call Leds.led2Off();

    if (val & 0x0002)
        call Leds.led1On();
    else
        call Leds.led1Off();

    if (val & 0x0001)
        call Leds.led0On();
    else
        call Leds.led0Off();

}
//启动事件
event void Boot.booted()
{
    //设置周期定时（间隔 1000 毫秒），并且在 2000 毫秒后开始
    call Timer.startPeriodicAt(2000,1000);
}
//定时器事件
event void Timer.fired()
{
    post DoTask();
}
}
```

(2) 编写 RandomToLedAppC.nc 文件，代码如下：

```
configuration RandomToLedAppC
{

}
implementation
```

```
{
      components new TimerMilliC() as Timer;
       components MainC,LedsC,RandomC;
       components RandomToLedC as App;

       App.Boot->MainC;
       App.Leds->LedsC;
       App.Random->RandomC;
       App.Timer->Timer;
}
```

(3) 编写 Makefile 文件，代码如下：

```
COMPONENT=RandomToLedAppC
include $(MAKERULES)
```

3. 编译、下载至设备中，观察实验结果

(1) 连接好硬件设备，在打开 Cygwin 后，进入 “opt/mytinos/apps/RandomToLed/” 目录，在命令行上运行“make cc2530 install”命令。执行结果如图 S2-1 所示，表示程序已经编译成功，并下载至设备内。

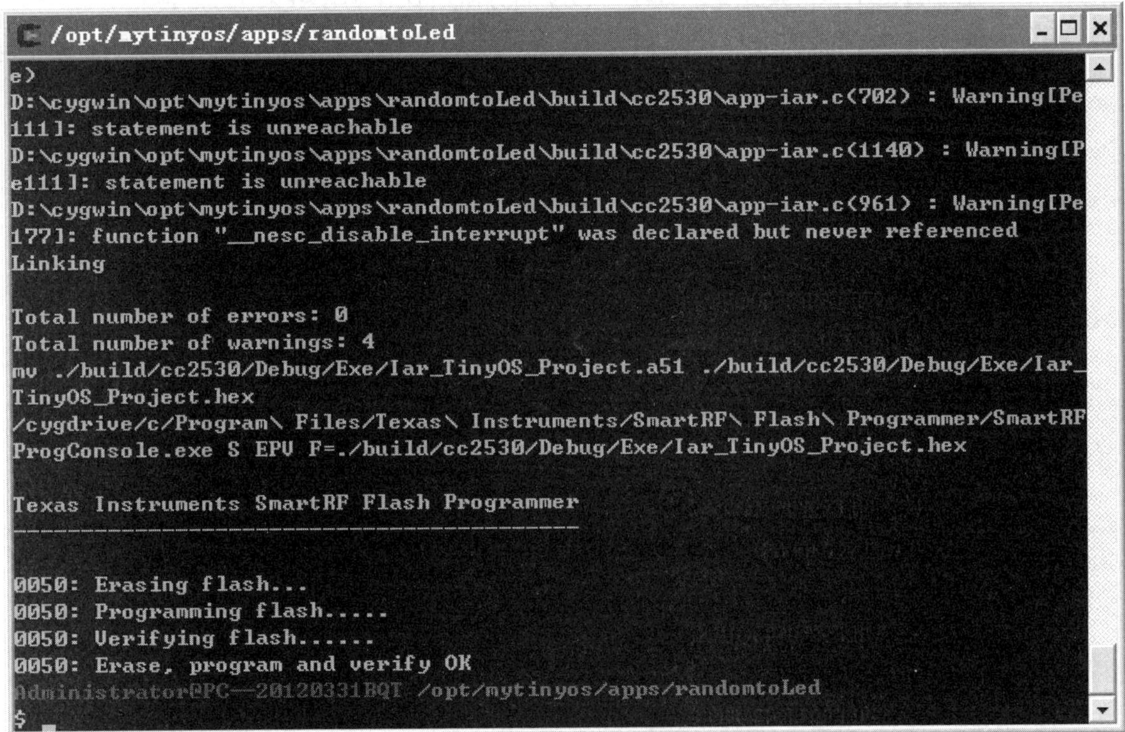

图 S2-1　编译下载程序

(2) 观察执行结果，将看到 LED0、LED1 和 LED2 在闪速。

知识拓展

➢ nesC 编程约定

(1) 命名约定。

✧ nesC 源文件的扩展名是“.nc”。

✧ 文件名与文件内定义的接口名或组件名一致。

✧ 应当使用公共组件而不是直接使用私有组件。

✧ 公共组件应当带有后缀“C”，私有组件应带有后缀“P”。

✧ 接口名不能以“C”或“P”结尾。

✧ 如果接口和组件名相关（组件提供接口），除了后缀（“C”或“P”）之外，两者应当采用相同的命名。

✧ 接口中的命令应当以“动词”命名，事件以“动词的过去式”命名（如 booted、fired）。

✧ 分阶段接口中的命令和相关的事件应该分别以“动词”和“动词+Done”命名。

✧ 模块内部变量以名词命名。

(2) 编程约定。

✧ 耗时的程序和密集计算的程序应该使用分阶段操作和任务来实现。

✧ 被多个 nc 文件使用的宏定义应该在头文件中用#define 定义，并且使用#include 包含该头文件。

✧ 对参数化接口进行连接时应当使用 unique()或 uniqueCount()函数实例化接口，而不是使用自定义的常数。

实践 3　平台移植

实践指导

实践 3.G.1

ADC 驱动的开发。

【分析】

(1) 通过 ADC(数模转换)驱动的开发理解发布平台上驱动开发的一般方法。

(2) 根据 ADC 特点，设计 ADC 驱动，包括 ADC 接口、实现接口的模块、提供接口的配件。

(3) 编写应用程序，测试 ADC 驱动。

(4) 将 ADC 驱动移动到平台的驱动目录中。

(5) 将驱动目录位置加入到“.platform”文件中。

(6) 重新编译应用程序，测试 ADC 驱动。

【参考解决方案】

1. 程序目录建立

在 cygwin 的“opt/mytinos/apps/”目录下建立“AdTest”目录。

2. ADC 驱动设计

在“opt/mytinos/apps/AdTest/”目录下建立 4 个文件：

- ✧ Adc.h：定义与 ADC 控制相关的宏和常量。
- ✧ AdcControl.nc：ADC 接口文件。
- ✧ AdcP.nc：实现 ADC 接口的模块文件。
- ✧ AdcC.nc：ADC 配件文件，用于封装 AdcP 模块，以对外提供 ADC 的控制。

(1) 编写 Adc.h 文件，代码如下：

```
//设置 ADCCON3 寄存器
#define ADC_SINGLE_CONVERSION(settings) \
    do{ ADCCON3 = settings; }while(0)


//设置 ADCCON2 寄存器
#define ADC_SEQUENCE_SETUP(settings) \
    do{ ADCCON2 = settings; }while(0)
```

```
//参考电压常量
#define ADC_REF_1_25_V        0x00
#define ADC_REF_P0_7          0x40
#define ADC_REF_AVDD          0x80
#define ADC_REF_P0_6_P0_7     0xC0

// 分辨率（精度）:
#define ADC_8_BIT             0x00
#define ADC_10_BIT            0x10
#define ADC_12_BIT            0x20
#define ADC_14_BIT            0x30
// 输入通道
#define ADC_AIN0              0x00
#define ADC_AIN1              0x01
#define ADC_AIN2              0x02
#define ADC_AIN3              0x03
#define ADC_AIN4              0x04
#define ADC_AIN5              0x05
#define ADC_AIN6              0x06
#define ADC_AIN7              0x07

#define ADC_AIN0_AIN1         0x08
#define ADC_AIN2_AIN3         0x09
#define ADC_AIN4_AIN5         0x0A
#define ADC_AIN6_AIN7         0x0B

#define ADC_GND               0x0C
#define ADC_PVR               0x0D
#define ADC_TEMP_SENS         0x0E
#define ADC_VDD_3             0x0F

//-----------------------------------------------------------------------
//开启 ADC 连续转换
#define ADC_SAMPLE_CONTINUOUS() \
    do { ADCCON1 &= ~0x30; ADCCON1 |= 0x10; } while (0)

// 停止 ADC 的连续转换
#define ADC_STOP() \
  do { ADCCON1 |= 0x30; } while (0)
```

```
//初始化单端输入的 ADC 转换
#define ADC_SAMPLE_SINGLE() \
  do { ADC_STOP(); ADCCON1 |= 0x40;   } while (0)

//设置 ADC 从通道 0 开始
#define ADC_TRIGGER_FROM_TIMER1()   do { ADC_STOP(); ADCCON1 &= ~0x10;}while (0)

//判断转换是否结束
#define ADC_SAMPLE_READY()   (ADCCON1 & 0x80)

//设置或清除 ADC 通道
#define ADC_ENABLE_CHANNEL(ch)     ADCCFG |=   (0x01<<ch)
#define ADC_DISABLE_CHANNEL(ch)    ADCCFG &= ~(0x01<<ch)
```

(2) 编写 AdcControl 接口代码：

```
interface AdcControl
{
  /**
   *启用 ADC.
   * @参数 reference – 参考电压
   * @参数 resolution – 精度(分辨率)
   * @参数 input – 通道
   */
  command void enable(uint8_t reference, uint8_t resolution, uint8_t input);
  /**
  * 停用 ADC
  */
  command void disable();
}
```

(3) 编写 AdcP 模块，用于实现 AdcControl 接口，代码如下：

```
#include "Adc.h"
#define ADC_MAX_RETRY      0x7fff

module AdcP
{
  provides interface Init;
  provides interface AdcControl[uint8_t id];
  provides interface Read<int16_t>[uint8_t id];
```

```
}
implementation
{
  uint8_t references[uniqueCount("UNIQUE_ADC_PORT")];
  uint8_t resolutions[uniqueCount("UNIQUE_ADC_PORT")];
  uint8_t inputs[uniqueCount("UNIQUE_ADC_PORT")];

  uint8_t counter;

  command error_t Init.init()
  {

    uint8_t i;

    for (i = 0; i < uniqueCount("UNIQUE_ADC_PORT"); i++) {
        inputs[i] = 0xFF;
    }
    counter = 0;
    //停止任何采样
    ADC_STOP();

    return SUCCESS;
  }
  command void AdcControl.enable[uint8_t id](uint8_t reference, uint8_t resolution, uint8_t input)
  {
    //保存参数
    references[id] = reference;
    resolutions[id] = resolution;
    inputs[id] = input;
    counter++;
  }
  command void AdcControl.disable[uint8_t id]()
  {
    //如果有通道已经被启用，则禁止
    if (inputs[id] != 0xFF)
     {
      ADC_DISABLE_CHANNEL(inputs[id]);
      inputs[id] = 0xFF;
      counter--;
```

```
        //停止任何采样
        if (counter == 0)
        {
            ADC_STOP();
        }
    }

}
//读 ADC
command error_t Read.read[uint8_t id]()
{
    if (inputs[id] == 0xFF)
    {
        return FAIL;
    }
    else
    {
        int16_t value;
        uint8_t temp;
        int16_t retry = ADC_MAX_RETRY;
        ADC_STOP();
        //启用通道
        ADC_ENABLE_CHANNEL(inputs[id]);

        //将旧值读出
        temp = ADCH;
        temp = ADCL;
        //开始 ADC 采样
        ADC_SINGLE_CONVERSION(references[id] | resolutions[id] | inputs[id]);
        ADC_SAMPLE_SINGLE();
        // 等待采样结束
        while (!ADC_SAMPLE_READY() && (--retry >= 0) );
        if (retry >= 0)
        {
            //获取采样结果
            value = (int16_t) (ADCL);
            value |= (int16_t) (ADCH << 8);
            // 禁止
            ADC_DISABLE_CHANNEL(inputs[id]);
```

```
                signal Read.readDone[id](SUCCESS, value);
            }
            else
            {
                // 禁止
                ADC_DISABLE_CHANNEL(inputs[id]);
                  signal Read.readDone[id](FAIL, 0);
            }

            return SUCCESS;
        }
    }
    task void signalReadDone()
    {
      //signal Read.readDone[tmp](SUCCESS, value);
    }
    default event void Read.readDone[uint8_t id](error_t result, int16_t val)
    {
    }

}
```

上述代码，AdcP 模块实现了三个接口：

- ✧ Init 接口：实现该接口的目的是进行 ADC 的初始化。
- ✧ AdcControl 接口：实现该接口是模块的主要职责，具体实现 ADC 的启用和停止。
- ✧ Read 接口：实现该接口的目的是真正实现 ADC 数据的读取。

(4) 编写 ADC 配件，代码如下：

```
generic configuration AdcC()
{
  provides interface AdcControl;
  provides interface Read<int16_t>;
}

implementation
{
  components MainC, AdcP;
  MainC.SoftwareInit -> AdcP.Init;

  enum { ID = unique("UNIQUE_ADC_PORT"), };

  AdcControl = AdcP.AdcControl[ID];
```

```
    Read = AdcP.Read[ID];

}
```

3．编写 ADC 测试程序

在“opt/mytinos/apps/AdTest/”目录下建立三个文件：

✧　ADTestC.nc：应用程序核心应用模块。

✧　ADTestAppC.nc：应用程序顶层配置文件。

✧　Makefile：make 脚本文件。

(1) 编写 ADTestC.nc 文件，代码如下：

```
#include "Adc.h"

module ADTestC
{
    uses
    {
        interface Boot;
        interface AdcControl as ADSensorControl;
        interface Read<int16_t> as ADSensorRead;
        interface Leds;
    }
}
implementation
{
    uint8_t m_len;
    uint8_t m_send_buf[2];

    task void sensorTask()
    {
        call Leds.led0On();
        call ADSensorControl.enable(ADC_REF_AVDD, ADC_14_BIT, ADC_AIN7);
        call ADSensorRead.read();
    }

    event void Boot.booted()
    {
        post sensorTask();
    }

    event void ADSensorRead.readDone(error_t result, int16_t val)
    {
```

```
            call Leds.led1On();
        }

    }
```

(2) 编写 ADTestAppC.nc 文件，代码如下：

```
configuration ADTestAppC
{

}
implementation
{
    components ADTestC as App;
    components new AdcC() as ADSensor;
    components MainC,LedsC;

    App.ADSensorControl -> ADSensor;
    App.ADSensorRead -> ADSensor;

    App.Boot -> MainC.Boot;
    App.Leds -> LedsC;
}
```

(3) 编写 Makefile 文件，代码如下：

```
COMPONENT=LedOnAppC
include $(MAKERULES)
```

(4) 连接好硬件设备，在打开 Cygwin 后，进入“opt/mytinos/apps/Adtest/”目录，在命令行上运行“make cc2530 install”命令。执行结果如图 S3-1 所示，表示程序已经编译成功并下载至设备内。

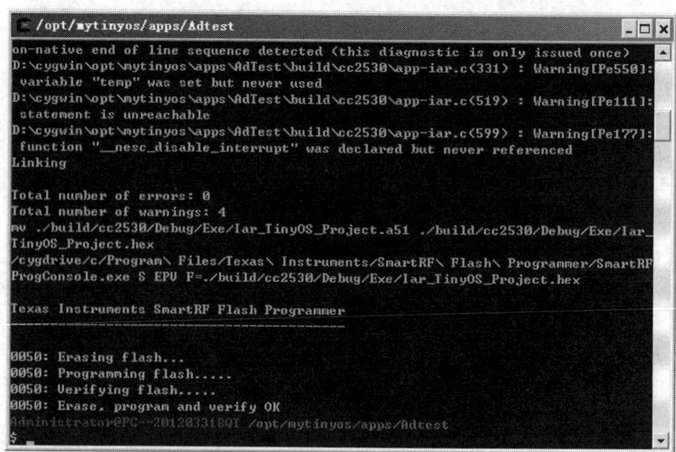

图 S3-1　编译下载程序

(5) 观察执行结果，将看到 LED0 和 LED1 同时亮，这是因为 ADC 的转换时间很短，几乎感觉不到时间差。

4. 将 ADC 驱动移动到平台的驱动目录中

(1) 在“opt/mytinyos/tos/”目录内建立“adc”子目录。

(2) 将“opt/mytinos/apps/AdTest/”目录下的“Adc.h”、“AdcControl.nc”、“AdcP.nc”、“AdcC.nc”文件移动(剪切)到“opt/mytinyos/tos/adc/”目录下，结果如图 S3-2 所示。

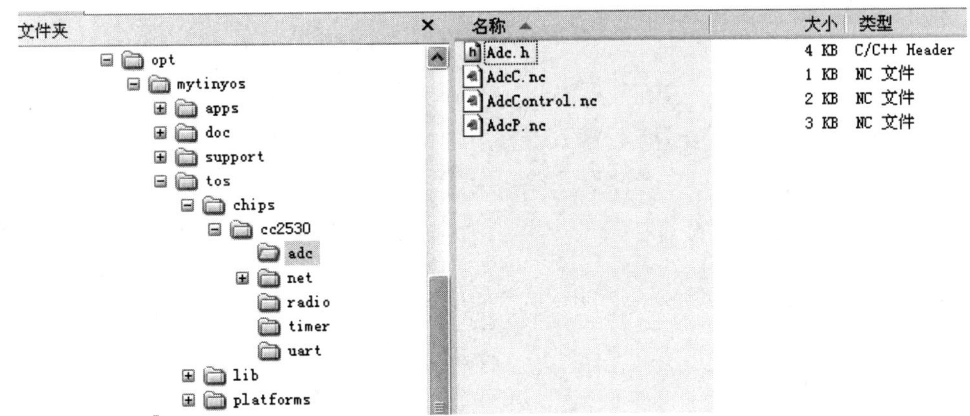

图 S3-2　移动驱动文件到平台驱动目录

5. 将驱动目录位置加入到“.platform”文件中

打开“opt/mytinyos/tos/platforms/cc2530/.platform”文件，添加驱动目录，如图 S3-3 所示。

```
# vim:syntax=perl


push( @includes, qw(
  %P/chips/cc2530
  %P/chips/cc2530/radio
  %P/chips/cc2530/timer
  %P/chips/cc2530/uart
  %P/chips/cc2530/net
  %P/chips/cc2530/net/types
  %P/chips/cc2530/net/interfac

  %P/chips/cc2530/adc

  %P/lib/rfxlink/layers
  %P/lib/rfxlink/util
  %P/lib/net/dh
  %P/lib/timer
  %P/lib/serial
  %P/lib/net
  %P/lib/net/ctp
  %P/lib/net/4bitle

  %T/interfaces
  %T/types
  %T/system

) );

@opts = qw(
  -fnesc-no-debug
```

图 S3-3　添加驱动搜索目录

6．重新编译应用程序，测试 ADC 驱动

在命令行上重新运行“make cc2530 install”命令，若没有错误，则显示如图 S3-1 所示的运行结果。

实践 4　TinyOS 应用开发

实践指导

➢ 实践 4.G.1

实现 CC2530 光敏信息的采集传输及向 PC 机传送数据，需要完成以下工作：

(1) 通过 AD 进行光敏信息的采集。

(2) 通过射频将数据发送至接收者。

(3) 接收者接收到数据之后，将接收的数据通过串口发送至 PC 机。

【分析】

(1) 本实验使用两个 CC2530 节点，命名为节点 1 和节点 2。

(2) 在“mytinyos/apps”目录下创建工程文件。其中，程序的编写分为两部分：数据的发送部分和接收部分；节点 1 负责信息的采集和发送，节点 2 负责信息的接收以及将数据通过串口传输至 PC 机。

(3) 编写程序及 Makefile 文件。

(4) 观察实验现象。

【参考解决方案】

1. 创建工程目录

由于本实验的节点 1 和节点 2 使用的程序不同，因此本实验的发送和接收分别在同一个工程文件的两个子目录下。

(1) 创建传感器采集传输工程目录 Sensor。

打开 cygwin，在“opt/mytinyos/apps 目录下”输入“mkdir Sensor”，创建目录，具体操作如图 S4-1 所示。

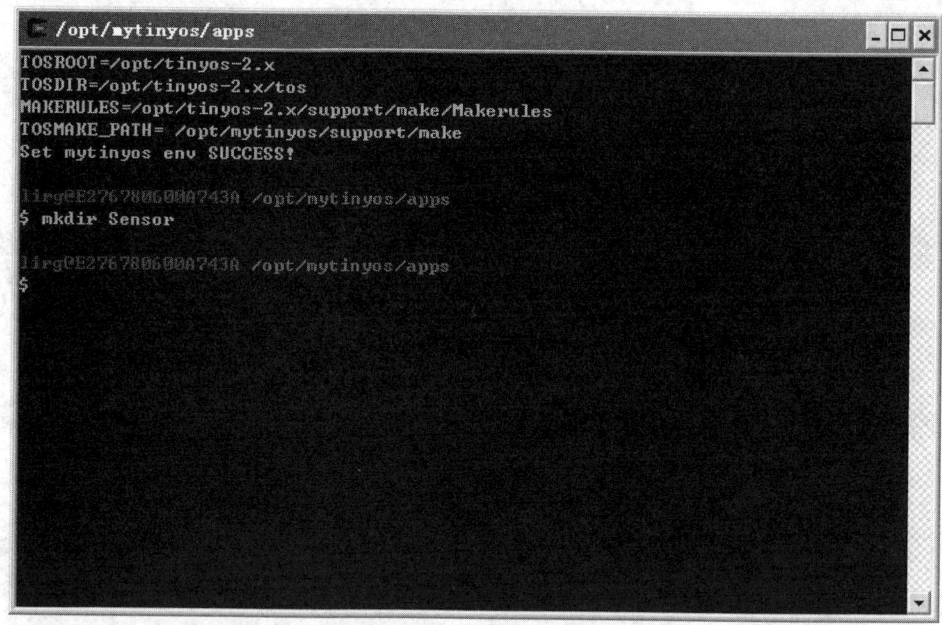

图 S4-1　创建 Sensor 目录

(2) 创建发送和接收文件子目录。

以步骤(1)创建文件为例在 Sensor 文件夹下分别创建发送和接收工程文件夹：ADRadioSend 和 ADRadioReceive，如图 S4-2 所示。

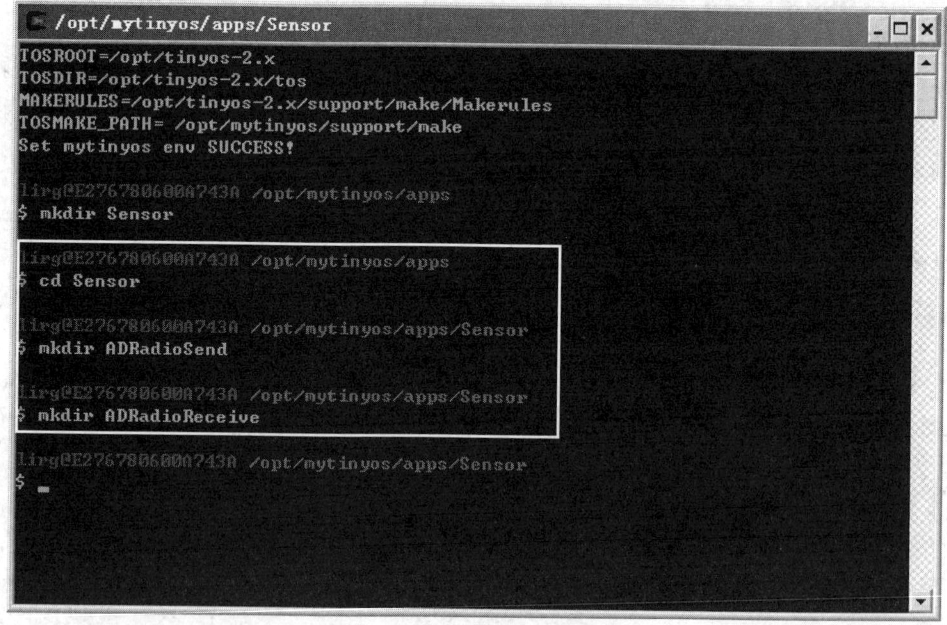

图 S4-2　创建发送和接收子目录

创建完成之后目录如图 S4-3 所示。

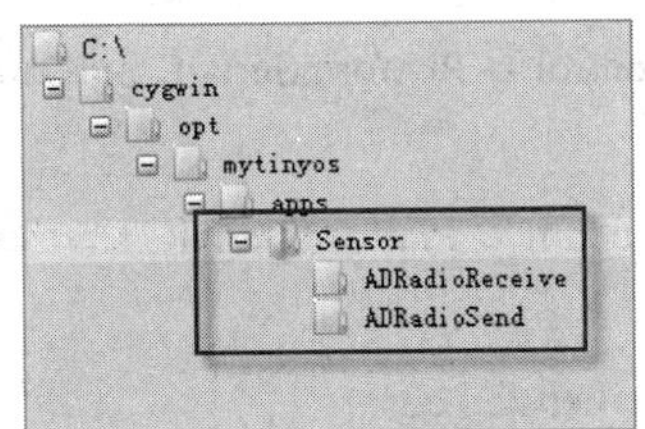

图 S4-3　创建完成后的目录

2. 发送程序的编写

发送程序的编写需要完成以下几项工作：

(1) 创建并编写 ADSensorSendApp.nc 文件。

使用 EditPlus 程序在 ADRadioSend 目录下新建 ADSensorSendApp.nc 文件，并输入如下代码：

```
#include <Timer.h>
#include "BlinkToRadio.h"

configuration ADSensorSendAppC
{

}
implementation
{
    components ADSensorSendC;
    components new AdcC() as ADSensor;

    components ActiveMessageC;
    components LedsC;

    //ADC 信息采集配置
    ADSensorSendC.ADSensorControl -> ADSensor;
    //ADC 读取
    ADSensorSendC.ADSensorRead -> ADSensor;
    components MainC;
    //启动接口
    ADSensorSendC.Boot -> MainC.Boot;
    components new TimerMilliC() as SensorTimerC;
    //定时器
    ADSensorSendC.SensorTimer -> SensorTimerC;
    components PlatformSerialC;
    //串口配置
```

```
        ADSensorSendC.StdControl -> PlatformSerialC.StdControl;
        //串口传输
        ADSensorSendC.UartStream -> PlatformSerialC.UartStream;
        //LED 组件
        ADSensorSendC.Leds->LedsC.Leds;
        /*射频发送组件*/
        ADSensorSendC.Packet->ActiveMessageC;
        ADSensorSendC.AMPacket->ActiveMessageC;
        ADSensorSendC.AMSend->ActiveMessageC.AMSend[uniqueCount("ADRadioSend")];
        ADSensorSendC.AMControl->ActiveMessageC;
        ADSensorSendC.PacketAcknowledgements->ActiveMessageC;
    }
```

(2) 创建并编写 ADSensorSendC.nc 文件。

使用 EditPlus 程序在 ADRadioSend 目录下新建 ADSensorSendC.nc 文件，并输入如下代码：

```
#include "Adc.h"
#include "BlinkToRadio.h"
#include <Timer.h>


module ADSensorSendC
{
    uses
    {
        interface Boot;
        interface AdcControl as ADSensorControl;
        interface Read<int16_t> as ADSensorRead;
        interface Timer<TMilli> as SensorTimer;

        interface Leds;
        interface Packet;
        interface AMPacket;
        interface AMSend;
        interface SplitControl as AMControl;
        interface PacketAcknowledgements;

        interface StdControl;
        interface UartStream;
    }
```

```
}
implementation
{
    uint8_t m_len;
    uint8_t m_send_buf[2];
    uint16_t counter;
    message_t pkt;

    /*传感器采集任务*/
    task void sensorTask()
    {
        //选择 P0.7 为 AD 采集通道，
        call ADSensorControl.enable(ADC_REF_AVDD, ADC_14_BIT, ADC_AIN7);
        //开始采集 AD 信息
        call ADSensorRead.read();
    }
    /*系统启动*/
    event void Boot.booted()
    {
        //开启定时器任务
        call SensorTimer.startPeriodic(1000);
        //开启 ad 采集
        call StdControl.start();
        //开启无线传输
        call AMControl.start();
    }

    /*当无线开启之后会触发 AMControl.startDone 事件*/
    event void AMControl.startDone(error_t err)
    {
        if(err==SUCCESS)
        {
            //如果开启成功，将点亮 LED1
            call Leds.led0On();//call Timer0.startPeriodic(TIMER_PERIOD_MILLI);
        }
        else
        {
            //否则重新启动无线
            call AMControl.start();
```

```
        }
    }

    //定时事件
    event void SensorTimer.fired()
    {
        //开启传感器采集任务
        post sensorTask();
    }

    /*ADC 读取完毕之后将会触发 readDone 事件*/
    event void ADSensorRead.readDone(error_t result, int16_t val)
    {
        BlinkToRadioMsg *btrpkt;
        //获得要发送的信息包
        btrpkt = (BlinkToRadioMsg*)call
                Packet.getPayload(&pkt,sizeof(BlinkToRadioMsg));
        /*要发送的数据，TOS_NODE_ID 为节点号，val 为采集的光照信息*/
        btrpkt->nodeid = TOS_NODE_ID;
        btrpkt->counter = val;
        /*将数据发送出去，如果发送成功 LED2 将闪烁*/
        if(call
AMSend.send(AM_BROADCAST_ADDR,&pkt,sizeof(BlinkToRadioMsg))==SUCCESS)
        {
        call Leds.led1Toggle(); //busy=TRUE;
        }

    }

    async event void UartStream.sendDone(uint8_t *buf, uint16_t len, error_t
                                error)
    {

    }

    async event void UartStream.receivedByte(uint8_t byte)
    {
        ;
    }
```

```
    /** 在接收完 receive 命令欲接收的长度后会调用此事件 */
    async event void UartStream.receiveDone(uint8_t *buf, uint16_t len, error_t error)
    {

    }

    /*如果发送成功，接收者将发送确认帧给发送者*/
    event void AMSend.sendDone(message_t* msg,error_t error)
    {
        if(&pkt==msg)
        {
            call PacketAcknowledgements.requestAck(msg);
        }
    }

    event void AMControl.stopDone(error_t err)
    {

    }
}
```

(3) 创建 BlinkToRadio.h 文件。

使用 EditPlus 程序在 ADRadioSend 目录下新建 BlinkToRadio.h 文件，并输入如下代码：

```
#ifndef _BLINKTORADIO_H
#define _BLINKTORADIO_H

enum
{
    //定时事件
    TIMER_PERIOD_MILLI = 2000
};
/*发送数据结构体*/
typedef    nx_struct BlinkToRadioMsg
{
    nx_uint16_t nodeid;
    nx_uint16_t counter;
}BlinkToRadioMsg;
#endif
```

(4) 编写 Makefile 文件。

使用 EditPlus 程序在 ADRadioSend 目录下创建 Makefile 文件，并输入以下内容：

```
COMPONENT=ADSensorSendAppC
include $(MAKERULES)
```

(5) 编译程序。

在 Cygwin 下，保证工作目录为 ADRadioSend，输入“$ make cc2530”命令进行编译，编译完成后如图 S4-4 所示。

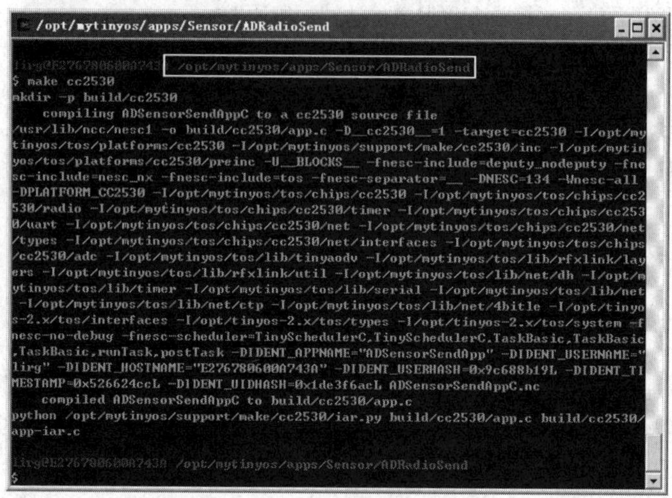

图 S4-4　编译 ADRadioSend 程序

3. 接收程序编写

接收程序的编写需要完成以下几项工作：

(1) 创建并编写 ADSensorReceiveApp.nc 文件。

使用 EditPlus 程序在 ADRadioReceive 目录下新建 ADSensorReceiveApp.nc 文件，并输入如下代码：

```
#include <Timer.h>
#include "BlinkToRadio.h"

configuration ADSensorReceiveAppC
{


}
implementation
{
    components ADSensorReceiveC;
    components ActiveMessageC;
    components new AMReceiverC(AM_BLINKTORADIO);
    components LedsC;
```

```
    components MainC;
    ADSensorReceiveC.Boot -> MainC.Boot;
    components new TimerMilliC() as SensorTimerC;
    ADSensorReceiveC.SensorTimer -> SensorTimerC;
    components PlatformSerialC;
    ADSensorReceiveC.StdControl -> PlatformSerialC.StdControl;
    ADSensorReceiveC.UartStream -> PlatformSerialC.UartStream;
    ADSensorReceiveC.Leds->LedsC.Leds;
    ADSensorReceiveC.AMControl->ActiveMessageC;
    ADSensorReceiveC.Receive->ActiveMessageC.Receive[uniqueCount("ADRadioReceive")];
}
```

(2) 创建并编写 ADSensorReceiveC.nc 文件。

使用 EditPlus 程序在 ADRadioReceive 目录下新建 ADSensorReceiveC.nc 文件，并输入如下代码：

```
#include "BlinkToRadio.h"
#include <Timer.h>

module ADSensorReceiveC
{
    uses
    {
        interface Boot;
        interface Timer<TMilli> as SensorTimer;
        interface Leds;
        interface Packet;
        interface AMPacket;
        interface SplitControl as AMControl;
        interface Receive;
        interface StdControl;
        interface UartStream;
    }
}
implementation
{
    uint8_t m_len;
    uint8_t m_send_buf[2];
    uint16_t counter;
    message_t pkt;
```

```
event void Boot.booted()
{
    //开启定时器任务
    call SensorTimer.startPeriodic(1000);

    //开启无线传输
    call AMControl.start();

}

/*当无线开启之后会触发 AMControl.startDone 事件*/
event void AMControl.startDone(error_t err)
{
    if(err==SUCCESS)
    {
        //如果开启成功，将点亮 LED1
        call Leds.led0On();
    }
    else
    {
        //否则重新启动无线
        call AMControl.start();
    }
}

//定时事件
event void SensorTimer.fired()
{

}

async event void UartStream.sendDone(uint8_t *buf, uint16_t len, error_t error)
{
}

async event void UartStream.receivedByte(uint8_t byte)
{
    ;
```

```
    }

    /**  在接收完 receive 命令欲接收的长度后会调用此事件  */
    async event void UartStream.receiveDone(uint8_t *buf, uint16_t len, error_t error)
    {

    }

    /*数据接收事件，接收者接收到发送者发送的信息后，将数据发送通过串口发送至上位机*/
    event message_t* Receive.receive(message_t* msg,void *payload,uint8_t len)
    {
        //判断接收到数据的帧长度
        if(len==sizeof(BlinkToRadioMsg))
        {
            //将负载取出来
            BlinkToRadioMsg* btrpkt = (BlinkToRadioMsg*)payload;
            if(btrpkt->nodeid ==TOS_NODE_ID)
            {
                /*采集的光敏信息*/
                m_send_buf[0] = (btrpkt->counter)>>8;
                m_send_buf[1] = (btrpkt->counter) & 0x00ff;
                //通过串口发送至 PC 机
                call UartStream.send(m_send_buf, 2);
                //LED3 闪烁
                call Leds.led2Toggle();
            }
        }
        return msg;
    }

    event void AMControl.stopDone(error_t err)
    {

    }
}
```

(3) 创建 BlinkToRadio.h 文件。

使用 EditPlus 程序在 ADRadioReceive 目录下新建 BlinkToRadio.h 文件，并输入如下代码：

```
#ifndef _BLINKTORADIO_H
```

```
#define _BLINKTORADIO_H
enum
{
    //定时事件
    TIMER_PERIOD_MILLI = 2000
};
/*接收数据结构体*/
typedef    nx_struct BlinkToRadioMsg
{
    nx_uint16_t nodeid;
    nx_uint16_t counter;
}BlinkToRadioMsg;
#endif
```

(4) 编写 Makefile 文件。

使用 EditPlus 程序在 ADRadioReceive 目录下创建 Makefile 文件，并输入以下内容：

```
COMPONENT=ADSensorReceiveAppC
include $(MAKERULES)
```

(5) 编译程序。

在 Cygwin 下，保证当前工作目录为 ADRadioReceive，然后输入“$ make cc2530”命令进行编译，编译完成后如图 S4-5 所示。

图 S4-5　编译 ADRadioReceive 程序

4. 实验现象

程序编译完成之后，将发送程序和接收程序分别下载至节点 1 和节点 2，按下复位按键，开始数据的传输，并通过串口传输到 PC 机，通过 PC 机可以观察到采集的光照信息值，如图 S4-6 所示。

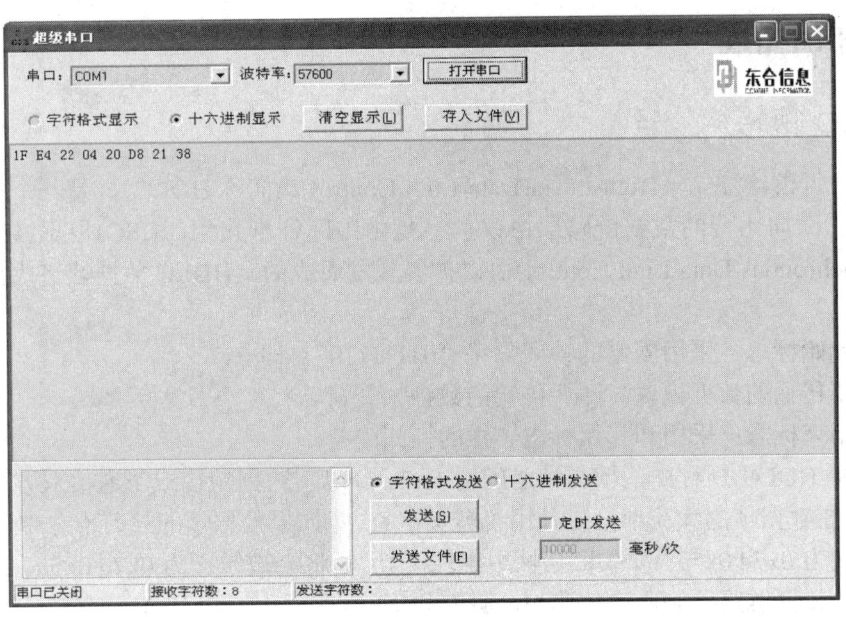

图 S4-6　采集的光照信息

使用 ZigbeeSniffer 捕获的数据如图 S4-7 所示。

帧控制							帧序号	地址信息				帧载荷	LQI
帧类型	加密	数据待传	确认请求	网内/网际	目的地址模式	源地址模式		目的 PANID	目的地址	通 PANID	源地址	3F 08 00 0C	
数据帧	未加密	否	否	网内	16 位地址	16 位地址	37	0x22	0xFFFF	无	0x3	1F E4	244

帧控制							帧序号	LQI
帧类型	加密	数据待传	确认请求	网内/网际	目的地址模式	源地址模式		
确认帧	未加密	否	否	网际	无地址	无地址	37	251

帧控制							帧序号	地址信息				帧载荷	LQI
帧类型	加密	数据待传	确认请求	网内/网际	目的地址模式	源地址模式		目的 PANID	目的地址	通 PANID	源地址	3F 08 00 0C	
数据帧	未加密	否	是	网内	16 位地址	16 位地址	38	0x22	0xFFFF	无	0x3	22 04	244

帧控制							帧序号	LQI
帧类型	加密	数据待传	确认请求	网内/网际	目的地址模式	源地址模式		
确认帧	未加密	否	否	网际	无地址	无地址	38	251

帧控制							帧序号	地址信息				帧载荷	LQI
帧类型	加密	数据待传	确认请求	网内/网际	目的地址模式	源地址模式		目的 PANID	目的地址	通 PANID	源地址	3F 08 00 0C	
数据帧	未加密	否	是	网内	16 位地址	16 位地址	39	0x22	0xFFFF	无	0x3	20 D8	246

帧控制							帧序号	LQI
帧类型	加密	数据待传	确认请求	网内/网际	目的地址模式	源地址模式		
确认帧	未加密	否	否	网际	无地址	无地址	39	252

帧控制							帧序号	地址信息				帧载荷	LQI
帧类型	加密	数据待传	确认请求	网内/网际	目的地址模式	源地址模式		目的 PANID	目的地址	通 PANID	源地址	3F 08 00 0C	
数据帧	未加密	否	是	网内	16 位地址	16 位地址	40	0x22	0xFFFF	无	0x3	21 38	231

帧控制							帧序号	LQI
帧类型	加密	数据待传	确认请求	网内/网际	目的地址模式	源地址模式		
确认帧	未加密	否	否	网际	无地址	无地址	40	252

图 S4-7　收发的数据

知识拓展

➢ HDLC 帧格式

高级数据链路控制（High-Level Data Link Control 或简称 HDLC），是一个在同步网上传输数据、面向比特的数据链路层协议，它是由国际标准化组织(ISO)根据 IBM 公司的 SDLC(Synchronous Data Link Control)协议扩展开发而成的。HDLC 数据帧格式由以下三部分组成：

✧ 起始标志：采用固定的帧间隔符“01111110”，即 0x7e。

✧ 要传输的数据模块：即要传输的数据帧载荷。

✧ 结束标志：采用和起始标志一样的帧间隔符。

因此在 HDLC 规程中，帧与帧之间用 0x7e 分隔，数据帧构成了通信双方交换的最小单位，并且在数据帧的载荷部分还使用了转义字符，即如果数据帧的载荷部分中出现了 0x7e 将会被转义为 0x7d 0x5e；如果数据帧中出现了 0x7d 将会被转义为 0x7d 0x5d。HDLC 作为面向比特的数据链路控制协议的典型，具有如下特点：

✧ 协议不依赖于任何一种字符编码集。

✧ 数据报文可透明传输，用于实现透明传输的“0 比特插入法”易于硬件实现。

✧ 全双工通信，不必等待确认便可连续发送数据，有较高的数据链路传输效率。

✧ 所有帧均采用 CRC 校验，对信息帧进行编号，可防止漏收或重份，传输可靠性高。

✧ 传输控制功能与处理功能分离，具有较大的灵活性和较完善的控制功能。

由于以上特点，目前网络设计普遍使用 HDLC 作为数据链路协议。

实践 5　TinyOS 网络协议

实践指导

➢ 实践 5.G.1

基于分发协议的烟雾信息采集及传输。

【分析】

(1) 本例程要实现信息的采集和传输，程序实现部分需要分为两部分编写，即发送部分和接收部分。

(2) 发送部分程序要实现烟雾信息的采集和传输。

(3) 接收部分程序要实现信息的接收以及将数据传输至 PC 机。

(4) 下载调试，观察现象。

【参考解决方案】

1．建立工程文件夹

在“/mytinyos/apps”目录下新建一个 SmokeTest 的文件夹(其操作步骤参照实践 5.G.1)，在 SmokeTest 文件夹下新建 Sender 和 Receive 文件夹。其中，Sender 文件夹实现数据的发送部分程序；Receive 文件夹实现数据的接收部分程序。

2．发送部分程序

在“mytinyos/apps/SmokeTest/Sender”目录下新建三个文件：SmokeTestSApp.nc、SmokeTestSC.nc 和 Makefile 文件。其中 SmokeTestSC.nc 文件实现了数据的采集和发送，SmokeTestSApp.nc 文件为 SmokeTestSC.nc 文件的顶层配件。

(1) 在 SmokeTestSApp.nc 中的主要代码如下：

```
#include "BlinkToRadio.h"
configuration SmokeTestSAppC {}
implementation
{
    components SmokeTestSC;
    components MainC;
    SmokeTestSC.Boot -> MainC;

    components ActiveMessageC;
    SmokeTestSC.RadioControl -> ActiveMessageC;
```

```
        components DisseminationC;
        SmokeTestSC.DisseminationControl -> DisseminationC;

        components new DisseminatorC(uint16_t, 0x2345) as Object16C;
        SmokeTestSC.Value16 -> Object16C;
        SmokeTestSC.Update16 -> Object16C;

        components LedsC;
        SmokeTestSC.Leds -> LedsC;

        components new TimerMilliC();
        SmokeTestSC.Timer -> TimerMilliC;

        SmokeTestSC.Packet->ActiveMessageC;
        SmokeTestSC.AMPacket->ActiveMessageC;
        SmokeTestSC.AMSend->ActiveMessageC.AMSend[uniqueCount("SmokeApp")];

        components new AdcC() as ADSensor;
        SmokeTestSC.ADSensorControl -> ADSensor;
        SmokeTestSC.ADSensorRead -> ADSensor;
}
```

(2) SmokeTestSC.nc 文件中的主要代码实现如下：

```
#include <Timer.h>
#include "Adc.h"
#include "BlinkToRadio.h"
module SmokeTestSC
{
    uses
    {
        interface AMSend;
        interface Packet;
        interface AMPacket;
        interface Read<int16_t> as ADSensorRead;
        interface AdcControl as ADSensorControl;
        interface Boot;
        interface SplitControl as RadioControl;
        interface StdControl as DisseminationControl;
        interface DisseminationValue<uint16_t> as Value16;
```

```
            interface DisseminationUpdate<uint16_t> as Update16;
            interface Leds;
            interface Timer<TMilli>;
        }
}
implementation
{
        uint16_t counter;
        am_addr_t DES = 0x0003;

        /*传感器采集任务*/
        task void sensorTask()
        {
            //选择 P0.7 为 AD 采集通道，
            call ADSensorControl.enable(ADC_REF_AVDD, ADC_14_BIT, ADC_AIN3);
            //开始采集 AD 信息
            call ADSensorRead.read();
        }

        event void Boot.booted()
        {
            call RadioControl.start();
        }

        event void RadioControl.startDone( error_t result )
        {
            if ( result != SUCCESS )
            {
                call RadioControl.start();
            }
            else
            {
                call DisseminationControl.start();
                counter = 0;
                call Timer.startPeriodic( 2000 );
            }
        }

        event void RadioControl.stopDone( error_t result )
```

```
    {

    }

    event void Timer.fired()
    {
        post sensorTask();
    }

    event void Value16.changed()
    {
        const uint16_t* newVal = call Value16.get();
        call Leds.led2Toggle();
        counter = *newVal;
    }

    event void AMSend.sendDone(message_t* msg,error_t err)
    {
        call Leds.led1Toggle();
    }

    /*ADC 读取完毕之后将会触发 readDone 事件*/
    event void ADSensorRead.readDone(error_t result, int16_t val)
    {
        message_t pkt;
        BlinkToRadioMsg*    btrpkt;
        counter = val;
        call Update16.change(&counter);
        btrpkt = (BlinkToRadioMsg*)call
                        Packet.getPayload(&pkt,sizeof(BlinkToRadioMsg));
        btrpkt->nodeid = DES;
        btrpkt->num = counter;
        if(call
AMSend.send(AM_BROADCAST_ADDR,&pkt,sizeof(BlinkToRadioMsg))==SUCCESS)
        {
          ;
        }
    }
}
```

(3) 在 BlinkRadio.h 文件中定义了发送数据的结构体，具体代码如下：

```
#ifndef _BLINKTORADIO_H
#define _BLINKTORADIO_H
typedef   nx_struct BlinkToRadioMsg
{
      nx_uint16_t nodeid;
      nx_uint16_t num;
}BlinkToRadioMsg;
#endif
```

(4) 在 Makefile 文件中注明程序的顶层配件，其代码如下：

```
COMPONENT=SmokeTestSAppC
CFLAGS += -I$(TOSDIR)/lib/net -I%T/lib/net/drip
include $(MAKERULES)
```

3．接收部分程序

在“mytinyos/apps/SmokeTest/Sender”目录下新建三个文件：SmokeTestRApp.nc、SmokeTestRC.nc 和 Makefile 文件。其中 SmokeTestRC.nc 文件实现了数据的接收以及通过串口将数据传输至 PC 机，SmokeTestRApp.nc 文件为 SmokeTestRC.nc 文件的顶层配件。

(1) 在 SmokeTestRApp.nc 中的主要代码如下：

```
#include "BlinkToRadio.h"
configuration SmokeTestRAppC {}
implementation
{
      components SmokeTestRC,MainC;
      SmokeTestRC.Boot -> MainC;

      components ActiveMessageC;
      SmokeTestRC.RadioControl -> ActiveMessageC;

      components DisseminationC;
      SmokeTestRC.DisseminationControl -> DisseminationC;

      components new DisseminatorC(uint16_t, 0x2345) as Object16C;
      SmokeTestRC.Update16 -> Object16C;

      components LedsC;
      SmokeTestRC.Leds -> LedsC;

      components new TimerMilliC();
```

```
    SmokeTestRC.Timer -> TimerMilliC;

    SmokeTestRC.Packet->ActiveMessageC;
    SmokeTestRC.AMPacket->ActiveMessageC;
    SmokeTestRC.Receive->ActiveMessageC.Receive[uniqueCount("SmokeApp")];

    components PlatformSerialC;
    SmokeTestRC.StdControl -> PlatformSerialC.StdControl;
    SmokeTestRC.UartStream -> PlatformSerialC.UartStream;
}
```

(2) SmokeTestRC.nc 文件中的主要代码实现如下：

```
#include <Timer.h>
#include "BlinkToRadio.h"
module SmokeTestRC
{
    uses
    {
        interface Receive;
        interface Packet;
        interface AMPacket;
        interface StdControl;
        interface UartStream;
        interface Boot;
        interface SplitControl as RadioControl;
        interface StdControl as DisseminationControl;
        interface DisseminationUpdate<uint16_t> as Update16;
        interface Leds;
        interface Timer<TMilli>;
    }
}

implementation
{
    uint16_t counter;
    uint8_t m_send_buf[2];

    event void Boot.booted()
    {
        call RadioControl.start();
```

```
        //开启串口传输
        call StdControl.start();
}

event void RadioControl.startDone( error_t result )
{
        if ( result != SUCCESS )
        {
                call RadioControl.start();
        }
        else
        {
                call DisseminationControl.start();
                counter = 0;
                call Timer.startPeriodic( 2000 );
        }
}

event void RadioControl.stopDone( error_t result )
{

}

event void Timer.fired()
{

}

/*接收信息，并通过串口输出至 PC 机*/
event message_t* Receive.receive(message_t* msg, void* payload, uint8_t len)
{
        call Leds.led0Toggle();
        if(len==sizeof(BlinkToRadioMsg))
        {
                BlinkToRadioMsg* btrpkt = (BlinkToRadioMsg*)payload;
                counter = btrpkt->num;
                if(btrpkt->nodeid = 0x0003)
                m_send_buf[0] = counter>>8;
                m_send_buf[1] = counter & 0x00ff;
```

```
                call UartStream.send(m_send_buf, 2);
            }
            return msg;
        }

    async event void UartStream.sendDone(uint8_t *buf, uint16_t len, error_t error)
        {

        }

        async event void UartStream.receivedByte(uint8_t byte)
        {
            ;
        }

        /** 在接收完 receive 命令欲接收的长度后会调用此事件 */
    async event void UartStream.receiveDone(uint8_t *buf, uint16_t len, error_t error)
        {

        }
    }
```

(3) 在 BlinkRadio.h 文件中定义了发送数据的结构体，具体代码如下：

```
#ifndef _BLINKTORADIO_H
#define _BLINKTORADIO_H
typedef    nx_struct BlinkToRadioMsg
{
        nx_uint16_t nodeid;
        nx_uint16_t num;
}BlinkToRadioMsg;
#endif
```

(4) 在 Makefile 文件中注明程序的顶层配件，其代码如下：

```
COMPONENT=SmokeTestSAppC
CFLAGS += -I$(TOSDIR)/lib/net -I%T/lib/net/drip
include $(MAKERULES)
```

4．实验结果

分别将发送和接收的程序下载至两个不同的 CC2530 开发板中(接收程序所用的开发板需要有串口，因此建议接收程序的开发板用 Zigbee 协调器)，程序下载完毕后，将串口与 PC 机连接，通过串口可以观察采集的数据，如图 S5-1 所示。

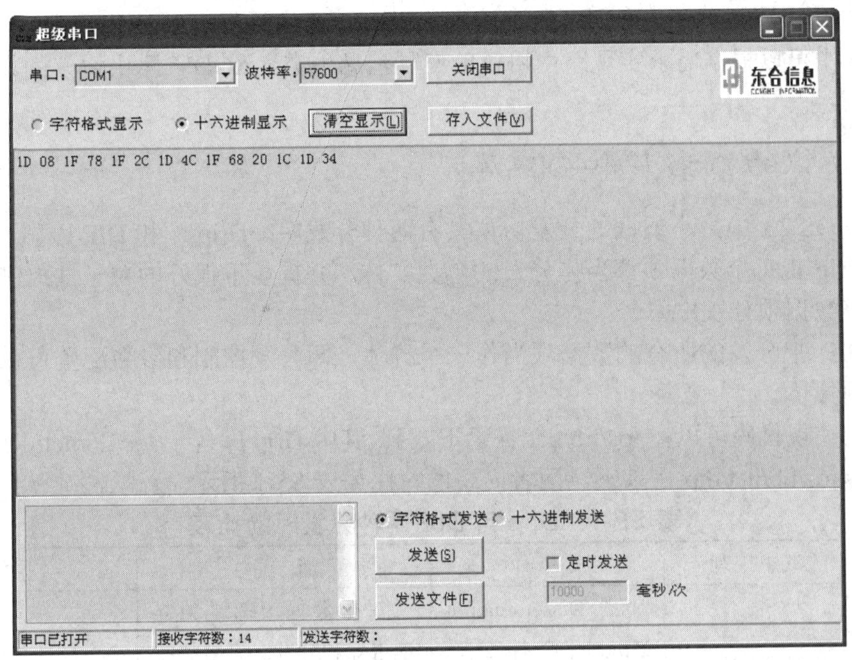

图 S5-1　采集的烟雾信息

知识拓展

➢ AODV 路由协议

AODV 路由协议是一种采用逐条分组的路由协议。此协议用于特定网络中的可移动节点。它能在动态变化的点对点网络中确定一条到目的地的路由，并且具有接入速度快、计算量小、内存占用低、网络负荷轻等特点。AODV 路由协议采用目的序列号来确保在任何时候都不会出现回环(甚至在路由控制信息出现异常的时候也是如此)，避免了传统的距离数组协议中会出现的很多问题(比如无穷计数问题)。

AODV 算法旨在在多个移动节点中建立和维护一个动态、自启动、多跳路由的专属网络。AODV 使得移动节点能快速获得通向新的目的节点的路由，并且节点仅需要维护通向它信号所及范围内的节点的路由，更远的节点路由信息则不需要维护。网络中连接的断开和异动会使得网络拓扑结构发生变化，AODV 使得移动节点能适时对这种变化做出响应。AODV 的操作是无自环的，使得该算法在网络拓扑变化时(比如一个节点在网络中移动)能够快速收敛。当一个连接断开时，AODV 会告知所有受到影响的节点，这些节点会让用到这个连接的路由失效。

AODV 的一个显著特点是它在每个路由表项上使用了目的序列号。目的序列号由目的节点创建，并且被包含在路由信息中，这些路由信息将被回发到所有向它发起请求的节点。目的序列号的使用确保了无回环，并且易于编程。如果到一个目的有两条路由可供选择，那么收到请求的节点将会选择序列号最大的那一条(由于目的节点每次收到新的请求都会将目的序列号加一，所以序列号最大表明该路由最新)。

AODV 定义了三种消息种类：路由请求(RREQ)、路由回复(RREP)和路由错误(RERR)。在 TinyOS 中可以根据需求实现路由协议的三种消息种类。AODV 路由协议的具体实现读者可以自行编写。

➢ 分发协议的 Drip 库和 DIP 库

在 TinyOS 2.x 中，小数据的分发协议具有两种分发库：Drip 库和 DIP 库。

✧ Drip 把每个数据项都当作分发的单独实体，并提供了很好的粒子性控制，控制如何快速地将数据项分发出去。

✧ DIP 把分发的所有的数据项当作一个群体，即分发控制和参数配置可以适用于所有的数据项集体。

两者的实现代码可以在 tos/lib/net 目录下找到，其中 Drip 库位于 tos/lib/net/drip 目录下，DIP 库位于 tos/lib/net/dip 目录下。两者简要的对比如表 S5-1 所示。

表 S5-1 Drip 与 DIP 两种分发库的比较

	无线电控制	定 时	消 息	数据大小
Drip	软件实现无线电的开关	由 Dissemination TimerP 组件配置 Trickle 定时器，定时周期值可以适用于所有的分发项	每个数据项都是独立地告知和分发。元数据在数据项之间不共享，这意味着节点不需要预先统一数据集	数据大小通过 typedef t 控制，且必须小于消息的有效载荷区大小
DIP	自动开启无线电。手动关闭无线电将导致 DIP 不能工作	单一的 Trickle 定时器用于所有数据项的分发。定时周期在 Dip.h 中定义	通知消息用于固定数据集，意味着所有节点在分发前都必须统一固定数据集的格式。DIP 通知消息可以根据 Dip.h 中定义的消息大小作出调整	数据大小通过 typedef t 指明，但大小必须基于 Dip.h 中 nx_struct 类型的 dip_data_t 默认为 16 字节。nx_struct 的大小必须小于消息长度

总体来说，当只有少量数据项，且不确定各个节点的数据结构时，建议使用 Drip 分发库，其分发数据的类型可以灵活定义。如果所有节点具有统一的数据类型，且需要高效率的消息机制时，可以使用 DIP 分发库(本书中的实例及实验使用 Drip 分发库)。